国家重点研发计划"水灾应急决策支持专家系统"项目（2017YFC0804108）资助

华北型煤田矿井突水灾害预警关键技术

尹尚先　刘德民　连会青　著

U0313316

应急管理出版社

· 北　京 ·

图书在版编目（CIP）数据

华北型煤田矿井突水灾害预警关键技术/尹尚先，
刘德民，连会青著．--北京：应急管理出版社，2021
　　ISBN 978-7-5020-8819-4

　　I.①华… II.①尹… ②刘… ③连… III.①煤矿—
矿山水灾—预警系统—研究—华北地区 IV.①TD745

　　中国版本图书馆 CIP 数据核字（2021）第 132221 号

华北型煤田矿井突水灾害预警关键技术

著　　者	尹尚先　刘德民　连会青
责任编辑	成联君
责任校对	邢蕾严
封面设计	解雅欣

出版发行　应急管理出版社（北京市朝阳区芍药居 35 号　100029）
电　　话　010-84657898（总编室）　010-84657880（读者服务部）
网　　址　www.cciph.com.cn
印　　刷　北京虎彩文化传播有限公司
经　　销　全国新华书店

开　　本　710mm×1000mm$^1/_{16}$　印张　$10^7/_8$　字数　166 千字
版　　次　2021 年 6 月第 1 版　2021 年 6 月第 1 次印刷
社内编号　20210528　　　　　定价　55.00 元

前　言

矿井水害是我国煤矿五大灾害之一。近年来，水害事故虽然呈下降趋势，但水害防治形势依然严峻，重特大水害事故时有发生，矿井水害依然是制约煤矿安全高效开采的重要因素。矿井水害监测预警技术能够在水害发生前，监测多种定量水害征兆（指标），结合相关预警准则，超前预测预报水害事故，可有效避免或减少水害事故发生，降低人员伤亡和财产损失。目前，矿井水害预警技术研发与应用日益受到重视，《煤矿防治水细则》在防治水工作十六字方针、七字技术措施中，分别突出强调了"预测预报"和"监"的作用，并在第九条明确规定矿井应当建立地下水动态监测系统，受底板承压水威胁的水文地质类型复杂、极复杂矿井，应当建立突水监测预警系统。

矿井突水是一种复杂的非线性动力现象，其监测预警要求高、难度大，国内外许多学者对矿井突水监测预警理论与技术开展了大量研究，取得了一定的成果。但是，也存在一些问题需要进一步完善和攻关，如矿井突水判据、矿井突水预警准则以及矿井突水监测目标位置精准确定等均需要进一步系统研究。为此，作者在"十三五"国家重点研发计划课题"水灾应急决策支持专家系统"（2017YFC0804108）、教育部创新团队发展计划"矿井水致灾机理及预警保障系统"（IRTP13008）、"十二五"国家科技支撑计划项目"煤矿水害隐患探查与防治关键技术及示范"（2012BAK04B04）、"十一五"科技支撑计划项目"矿井突水灾害预警系统的研究"（2007BAK29B04）、国家自然科学基金资助项目"岩溶陷落柱突水量多种流态多重介质多场流固耦合模拟预测"（51074075）、国家安全生产监督管理总局2014年安全生产重大事故防治关键技术科技项目"矿井水患监测预警保障系统"（ZHISHU-025-2013AQ）等项目的资助下，针对矿井水害预警存在的问题进行了多年的探索和研究，系统建立了矿井典型突水力学模型和突水判据，设计了矿井水害预警模式，提出了矿井突水定量、定性预警准则，设计研发了矿井突水监测预警系统，构建了矿井典型突水灾害突水判据、预警模式、预警准则、监测预警等一套完整的理论技术体系。项目的研究成果在太原东山煤矿、赵庄煤矿、荆各庄煤矿等矿井开展了推广应用，取得了很好的效果。

　　《华北型煤田矿井突水灾害预警关键技术》是在前人研究基础上完成的，是华北科技学院教育部创新团队共同的研究成果。本书在水害预警准则方面，分析了典型矿井突水机理及突水模式，分别建立了封闭不良钻孔侧壁突水、断层活化突水、两种老空区突水模式、四种陷落柱突水模式等的力学模型和突水力学判据，提出了动态构建化学预警标准水源样品库的方法与技术，建立了定性与定量相结合的物理预警准则和化学预警准则；在矿井水害监测位置方面，建立了关键监测预警位置评价的指标体系，构建了断层、陷落柱等影响指数计算公式，提出了基于GIS组件和ANN耦合技术的关键监测预警位置确定的方法与技术；在预警系统方面，整合了矿井突水判据、准则及水源识别等预警关键技术，研发了矿井突水化学预警系统和物理预警系统，实现了矿井突水监测预警。

　　在本书出版之际，感谢中国矿业大学（北京）武强院士、曹代勇教授，山西省煤炭地质局李振栓教授级高工，太原东山煤矿有限责任公司马积福高级工程师，华北科技学院王经明教授在课题研究、评审鉴定中给予的指导和帮助；感谢开滦（集团）有限责任公司、冀中能源有限责任公司、太原东山煤矿有限责任公司、中煤集团山西华昱能源有限公司、华安奥特有限公司在系统开发与现场测试时给予的大力支持；感谢华北科技学院李小明教授、杨武洋教授、李永军副教授、王永建副教授、杨德方副教授、李飞副教授、赵东云讲师在系统测试与实验中提供的帮助。

本书参考了大量的水害防治基础理论、矿井水害预警技术等相关文献资料，在此向所有文献作者及研究人员表示真挚的感谢。

由于作者水平有限，时间仓促，书中纰漏和错误在所难免，敬请广大读者批评指正。

著 者

2021 年 5 月

目　　次

第一章　概　　述

第一节　背景及意义

一、技术背景

我国煤炭资源丰富，是世界上煤炭生产和消费大国。然而，我国煤矿水文地质条件复杂，矿井突水一直制约着我国煤炭安全高效开采。据不完全统计，我国国有重点煤矿中受到矿井水害威胁的高达 285 对，占煤矿总数的 27.5%，在大中型煤矿中受矿井水害威胁的有 500 多个工作面，受威胁的储量高达数百亿吨。在过去 20 多年里，全国超过 250 对矿井遭受淹井，死亡人数多达 1700 多人，直接经济损失高达 350 多亿元。随着煤矿开采的逐步加深，其内的水文地质情况将更加复杂。

华北型煤田是我国最重要的原煤产地，分布广，面积大，地跨 14 个省市自治区，含煤总面积约 150000 km^2，分布有上百个大小不等的煤田及煤产地，其石炭—二叠系、侏罗—白垩系煤炭储量分别占全国储量的 38% 和 28%。该地区在中奥陶世末，受加里东运动的影响，地壳抬升遭受剥蚀，至晚石炭世再次遭受海侵，接受沉积形成的石炭—二叠纪煤系地层，直接覆盖于强富水性的巨厚石灰岩（奥陶系石灰岩或寒武系石灰岩）之上，呈假整合接触关系，后又分别受海西运动、印支期运动、燕山运动等构造运动影响，致使华北型煤田地质构造和水文地质条件更加复杂，水害类型丰富，尤其受底板岩溶水威胁严重。

据不完全统计，在 1956—1994 年期间，华北型煤田开采发生太灰和奥灰突水事故达到 1300 余次，造成淹井事故 200 余次，经济损失数十亿元人民币，人员伤亡数千人。如 1984 年 6 月 2 日，开滦范各庄 2171 工作面掘进时发生陷落柱突水，最大突水量高达 2053 m³/min，造成 4 井被淹，同时相邻的赵各庄矿和唐家庄矿也受到严重的影响，直接经济损失 5 亿元。1993 年 1 月 5 日，肥城郭家庄矿−210 m 北大巷发生奥灰突水事故，最大突水量为 550 m³/min，造成淹井事故。近年来也发生多起奥灰岩溶突水事故，如 2010 年 3 月 1 日，骆驼山煤矿在掘进施工时发生奥灰突水事故，事故造成 32 人死亡。华北型煤田随着上组煤资源枯竭，逐步转入下组煤的开采，开采条件更加复杂，矿井突水问题将更加突出，突水频率和突水强度将不断加大。因此加强对矿井突水模式的研究，实现矿井突水监测预警，减少矿井突水灾害，确保煤炭安全高效开采，显得日益重要。

二、研究意义

华北型煤田矿井水文地质条件复杂，矿井水害频发，已成为影响矿山安全生产的重大问题之一。同时，华北型煤田矿井突水具有破坏性大、突发性强等特点，常常造成重大财产损失和大量的人员伤亡。因此，正确分析矿井突水机理，在此基础上研发矿井突水监测预警系统，有助于深化对矿井突水机制的认识，并实现矿井突水超前预测预报，采取必要的矿井防治水措施，避免或减少矿井水害的发生。

第二节　研　究　现　状

华北型煤田水文地质条件复杂，开采历史久远，水害类型丰富，主要有顶板突水、底板突水，作为重要的导水通道断层、陷落柱和人工钻孔也常常引发突水事故，另外老空区突水也是一种多发的水害事故，约占矿井水害事故的 30%。矿井突水常常造成重大的财产损失和人员伤亡，为此我国对此非常重视，投入了相当程度的人力物力对其成因机理及防治措施进行了研究，也取得了许多重要的成果。

一、矿井顶板突水机理研究现状

矿井顶板突水是煤层上覆岩体存在含水层或开采范围有地表水体，在煤层开采活动中通过一定的导水通道涌入工作面的一种突水事故。依据水源的不同，矿井顶板水防治主要有以下几种类型：地表水防治、第四系松散层水防治、顶板砂岩裂隙水防治、顶板覆岩离层水防治，随着我国煤矿逐步转入下组煤的开采，顶板灰岩岩溶水也是矿井顶板突水的一个重要水源。矿井顶板突水是一个多因素、非线性的地质力学作用过程，与煤层采动覆岩移动破坏规律密切相关，覆岩移动破坏规律是矿井顶板突水机理研究的基础及关键，国内外学者对其进行了较为深入的研究，并取得可喜的成果。

1916 年，德国学者施托克（K. Stoke）将煤层顶板视为连续介质，在初次垮落后为一端固定在工作面前方煤体上的悬臂梁，依此提出了悬臂梁假说。根据该假说煤层顶板悬空较长时，将会发生周期来压和周期性的破坏。

1928 年，德国学者哈克（Hack）和吉利策尔（Gillitzer）提出了压力拱假说，该假说认为采空区上方由于采动的影响而形成一个压力拱，压力拱的两个支撑点分别位于迎头前方的煤层和采空区已垮落的矸石或充填体上。

1950—1954 年，苏联学者提出了铰接岩块理论，即将工作面上覆岩层的破坏分为不规则垮落带和其上的规则移动带。认为不规则垮落带下部坍塌时，岩块呈杂乱无章状；上部垮落时则按原有方向相对规则地分布。采空区垮落矸石在规则垮落带以上，形成三铰拱平衡，但该假说没有探讨平衡条件和平衡关系。

20 世纪 50 年代，比利时学者拉巴斯提出了预成裂隙假说，认为工作面前方由于支撑压力作用，导致顶板岩层的连续性遭到破坏，形成矿压裂隙，使岩体塑性增大，在采场周围存在采动影响区，有的区域应力降低，而有的区域升高，且采动影响区会随着工作面的推进而相应地前移。但预成裂隙是否普遍存在，有待进一步考证。

苏联的秦巴列维奇提出了台阶下沉理论，认为在埋藏较浅的水平及缓倾斜的薄—中厚煤层，采场顶板内存在三角形的低应力区，且随工作面的推进其影响范围不断扩大，直至通达地表，顶板将受到裂隙切割呈斜方六面体而垮落，该假说缺乏充分的依据，且未考虑支架与围岩及下沉条带的相互作用。

在矿井顶板突水防治上国外也进行了相关研究，英国矿业局为有效防治煤层顶板海水突入矿井，于 1968 年就颁布了海下采煤规程，详细规定了上覆岩层的结构、厚度、煤层开采高度和方法；日本也曾尝试过海下采煤，依据冲积层的厚度及赋存情况制定了严格的顶板防治水措施及是否允许开采的规定；苏联曾在1973年进行了煤开采中顶板导水裂隙带发育高度的研究，提出了确定其高度的方法，1981年颁布了水下采煤规程，依据上覆岩体泥岩厚度、煤层厚度、采掘活动等条件规定了安全采深。

我国也对覆岩移动破坏展开了深入的研究，中国矿业大学钱鸣高院士、李鸿昌教授等在铰接岩块等国外覆岩移动破坏假说以及现场观测的基础上，提出了砌体梁理论，认为上覆岩层的重力仅一部分施加于采场支架之上，且上覆岩体破坏形成了"大结构"，而在控顶区内"支架—围岩"相互作用下形成了"小结构"，"小结构"的形成受控于"大结构"。该假说不但给出了破坏岩体的咬合方式和平衡关系，还研究了上覆岩层破断时引发的扰动，为采场矿山压力控制、顶板防治水等提供了理论依据。朱德仁、缪协兴等人在此基础上也对砌体梁理论做了进一步的研究，为该理论的发展作出了一定的贡献。

山东科技大学宋振骐院士提出了传递岩梁假说，该假说认为在采动中上部断裂岩体之间相互挤压，可以向煤壁前方和采空区岩体传递作用力，岩梁运动产生力不会全部由支架提供，其所承受的作用力取决于支架对岩梁运动的抵抗程度。该假说还研究了开采中内外应力场的形成及变化，很好地解释了基本顶来压的规律。

我国刘天泉院士根据采场上覆岩体变形断裂特征，提出了"三带"理论，该理论认为上覆岩体从下至上依此可以划分为垮落带、导水裂隙带和整体移动带，三带的发育高度受控于多种因素，如煤层开采厚度、开采方法、煤层倾角、上覆岩体组构性质、矿井地质构造等。在"三带"理论的基础上，高延法提出了采动影响下覆岩"四带"结构力学模型，该理论将采后覆岩从下至上分为破裂带、离层带、弯曲带、松散冲击层带。

20世纪80年代，钱鸣高院士在砌体梁理论的基础上提出了关键层理论，该理论认为采场上覆岩体中，对覆岩活动起主要作用的为一层至数层厚硬岩的关键层。茅献彪、缪协兴、许家林等进一步完善和发展了关键层理论，提出了关键层的位置判别方法，对采场覆岩中关键层的复合效应分析、关键层运动对覆岩及地表移动影响、采动覆岩中关键层的破断规律等进行了研究。

在突水机理的研究基础上，煤层顶板突水防治也取得了长足的进步，1985年我国制定了《建筑物、水体、铁路及主要井巷煤柱留设与压煤开采规程》，提出了多种地质情况下导水裂隙带发育的形态及其计算公式，并在 2000 年再次做了修订，为"三下"采煤提供了依据，成功解放了上亿吨煤炭资源。在煤层顶板突水水源、顶板突水通道、顶板突水危险性评价等方面取得了很多的研究成果，如陈朝阳依据煤层含水层水离子含量等水化学特征，利用判别分析建立了顶板突水水源识别模型；洪雷等对燕子山矿层水源水化学特征进行了分析，并利用最大效果测度值法分析了突水水源及突水通道；周笑绿等通过稳定流计算矿井稳定涌水量，然后根据比拟法计算最大突水量。在顶板突水危险性评价方面，武强提出了"三图—双预测法"；张海荣、周荣福等在分析影响煤矿顶板突水的地质因素的基础上，利用 GIS、分维理论对褶曲、断层进行量化和复合分析，建立了顶板突水预测评价模型。

二、矿井底板突水机理研究现状

矿井底板突水是在煤矿采掘活动影响下，底板含水层承压水沿一定的导水通道涌入工作面的一种动力灾害现象，是采动影响下围岩变形破坏与承压水流固耦合作用的结果。

国外如匈牙利、西班牙、苏联、意大利、波兰等国家率先开展了矿井底板岩层组构及变形破坏的研究。在 20 世纪初，国外学者通过现场观测及生产经验发现隔水层对预防底板突水有重要的作用。1944 年匈牙利学者韦格·弗伦斯首次利用等值隔水层厚度与水压力之比即相对隔水层来作为矿井底板突水判据，并指出当相对隔水层厚度大于 1.5 m 时采掘活动不受底板突水的影响。此后，苏联学者 B. 斯列萨列夫以强度理论及静力学为基础，将承压水作为作用在煤层底板的均布载荷，煤层底板看作两端固定的梁，分析了煤层底板变形破坏机制，并推导出了底板安全水压值的计算公式。

20 世纪 60 年代至 70 年代，国外学者加强了底板隔水层的岩性及力学强度的研究，如匈牙利针对不同的地质条件，对相对隔水层厚度做了规定并写入了《矿业安全规程》。苏联和南斯拉夫等国的研究者也进行了相对隔水层的研究，并将标准定为泥岩的抗水压能力，而将其他非泥岩的岩层换算成泥岩相对隔水层厚度，依此作为相对隔水层厚度来评判煤层开采底板突水危险性。

20 世纪 70 年代后，国外很多学者以岩石力学为基础对煤层底板突水机理进行了深入的研究，代表性的有 C. F. santos 和 Z. T. Bieniawski 等人引入临界能量释放的概念和改进的 Hoek—Brown 岩体强度准则分析了底板的承载能力；苏联学者 S. V. Kuznetsov 及 V. A. Trofimov 建立了采动影响下水—岩耦合地质力学模型，对突水机理进行了分析研究。

我国矿井底板突水的研究始于 20 世纪 60 年代，经过不断的探索，提出了突水系数、强渗通道、零位破坏与原位张裂、关键层等学术理论。

1. 突水系数理论

20 世纪 60 年代由煤科院西安分院首次提出突水系数，突水系数为单位隔水层所受到的极限水压值。

$$T_s = \frac{P}{M} \tag{1-1}$$

式中　T_s——突水系数；

　　　P——煤层底板含水层水压，MPa；

　　　M——煤层底板隔水层厚度，m。

20 世纪 70 年代，考虑到煤层开采对煤层底板的破坏，煤科院西安分院将突水系数修改为

$$T_s = \frac{P}{M - C_p} \tag{1-2}$$

式中　C_p——煤层底板破坏深度，m。

20 世纪 80 年代，借鉴匈牙利等值隔水层厚度理论，煤科院西安分院将突水系数修改为

$$T_s = \frac{P}{\sum\limits_{i=1}^{n} M_i m_i - C_p} \tag{1-3}$$

式中　M_i——煤层底板第 i 隔水层分层厚度，m；

m_i——第 i 个隔水层分层等效厚度的换算系数。

"下三带"理论提出以后，根据煤层开采底板破坏深度和承压水原始导升带的厚度，将突水系数修改为

$$T_s = \frac{P}{M - M_{\mathrm{I}} - M_{\mathrm{II}}} \tag{1-4}$$

式中　M_{I}——煤层底板破坏深度，m；

　　　M_{II}——水压原始导升带厚度，m。

2009 年制订的《煤矿防治水规定》，考虑到煤层底板破坏深度及原始导升带厚度较难取得，同时突水系数缺乏参考临界突水系数，因此又将突水系数修改为式（1-1）。

突水系数在我国煤层底板突水灾害防治工作中发挥了重要的作用，但由于煤层底板突水与地质构造、承压水水压、采场围岩应力等多种因素有关，突水系数还不能很好地揭示煤层底板突水机理，因此在底板突水防治工作中还要考虑现场实际，并借助其他理论对煤层底板突水危险性作出正确判定。

2. "下三带" 理论

该理论最早由原山东矿业学院的科技工作者通过现场观测及生产实践总结得出的，后由荆自刚、李白英等通过理论分析、数值模拟分析、相似模拟分析以及现场实践将其提升至理论高度。"下三带"理论认为，和"上三带"相似，煤层开采改变了围岩的应力状态，底板产生一定的变形和破坏，从煤层底板顶面到承压含水层顶面的岩层分为：底板采动导水裂隙破坏带、完整岩层阻水带、承压水导升带，其中完整岩层阻水带是阻止承压水进入采煤工作面的有效保护带，如果煤层距离承压含水层较近，在采动以及承压水的共同作用下，致使底板采动导水裂隙破坏带和承压水导升带沟通，则会发生突水事故。

3. 原位张裂与零位破坏理论

20 世纪 90 年代初，王作宇、刘鸿泉等科技人员通过现场观测和资料综合分析，认为采动矿压和承压水压力的共同作用下，水平煤层工作面底板的影响范围分为三段：超前压力压缩段、卸压膨胀段和采后压力压缩稳定段。采动影响下，煤层底板通过上述作用形成原位张裂及零位破坏。在此基础上，杨映涛通过相似

模拟技术对该理论进行了模拟分析，研究表明完整底板在开挖影响下沿零位破坏线产生破坏，并形成突水。

4. 板模型理论

板模型理论是由刘天泉、张金才等通过弹塑性理论分析和相似模拟分析提出的，该理论将煤层底板分为采动导水裂隙带和底板隔水带，根据弹塑性力学理论，采用摩尔—库仑和 Grifith 强度准则，求解得出了底板在煤层开采影响下的最大破坏深度；并利用薄板理论和抗剪强度、抗拉强度准则，分析推导了煤层底板承受极限水压的力学公式。

5. 关键层理论

钱鸣高、黎良杰等将煤层底板隔水层划分为若干个隔水能力和隔水作用不同的岩层，并把承载能力最大、对底板突水起着决定性作用的一层作为底板关键层，利用薄板理论分析推导了底板关键层在均布水压下作用下的极限破断跨距计算公式，并依此分析解释了底板底鼓现象以及突水点的空间分布特征。该理论忽略了非关键层在抑制煤层底板突水的作用，且在确定哪一层隔水层为关键层也较为困难，因此该理论在现场应用时受到很大的限制。

6. 强通道渗流理论

该理论是中科院地质力学所根据提出的，认为煤层底板突水的关键是底板隔水层中具备导水通道，导水通道分为固有的富水强渗通道和潜在的由底板岩体弱结构形成的通道。当煤层开采揭露固有强渗通道时就可能产生煤层底板突水。如果底板中存在底板岩体弱结构，则在矿压和底板承压水共同作用下岩体弱结构也可以贯通形成强渗通道而发生突水灾害事故。该理论强调了天然导水通道及软弱面在底板突水中的作用，但缺乏采动及底板水压对导水通道作用的研究。

7. 岩水应力关系理论

该理论是煤科院西安分院在现场观测及底板隔水层变形破坏特征研究的基础上提出的，该理论认为煤层底板突水是由底板岩性、底板承压水、采动应力共同决定的，采动影响下煤层底板会产生一定深度的破坏，形成导水裂隙，当导水裂隙带与地下水沟通时，承压水沿着导水裂隙带侵入，会造成裂隙带扩展，当地下水压大于或等于岩体最小主应力时则会导致底板突水。

三、其他矿井突水机理研究现状

在煤层顶底板突水机理研究的基础上，国内外学者在采动条件下断层、陷落柱、封闭不良钻孔等导水通道突水原理上做了许多研究，并取得了许多重要的成果。

1. 断层突水机理研究现状

杨善安在总结采掘影响下底板岩层变形破坏特征，提出了当倾向采场且平行其边缘的底板断层面同底板岩层中的最大扩张线相吻合时，该类断层上下盘的位移量最大，最容易出现突水事故，提出了避免底板断层突水的方法。

黎良杰、钱鸣高等认为张开型断层的突水机理是断层两盘在地下水压的作用下产生分开，承压水沿着裂隙突出并冲刷断层带，闭合型断层的突水机理是在承压水的作用下断层两盘或关键层失稳破坏产生突水，并给出了断层突水的判别准则。

谭志祥在岩体极限平衡理论的基础上，阐述了底板及断层突水的力学机制，给出了判断底板及断层突水的公式；施龙青，曲有刚等对煤层开采底板断层突水预测方法进行了研究，认为采动影响下，煤壁前方由于应力集中具有隔水作用，矿井水只能通过断层从采空区的底板突出，其突出条件为采掘活动造成煤层底板破坏带大于煤层底板高峰应力线与断层交点的深度；刘志军、胡耀青等利用流固耦合理论，建立了承压水上采煤的数学模型，系统地分析了采掘影响下断层倾角、断距等与突水的关系，利用回归分析，建立了断层防水煤柱宽度与各断层要素的公式，给出了突水判别准则。

李青锋、王卫军等基于隔水关键层原理对断层突水机理进行了分析，认为断层面由压性转变为张性或扭性是判断断层活化的主要标志，建立了基于关键层理论的断层活化突水模型，提出了采掘影响下断层活化突水机理。

陈忠辉、胡正平等对煤矿隐伏断层的突水机理进行了分析，认为研究了煤矿隐伏断层突水的断裂力学模型及力学判据，认为发生断层突水的临界水压力与断层至底板的距离、水平压力呈正相关关系，而与断层长度呈负相关关系，即随着断层至底板的距离、水平压力的增大而增大，随着断层长度的增加而减小。

李常文、柳峥等利用极限平衡理论和尖点突变理论，分析了断层突水关键部位破坏突水机理，建立了相应的力学判据，并分析了断层要素及煤柱相关参数对断层突水的影响。

潘锐、孟祥瑞等分析了承压水上断层面上正应力和剪应力的分布特征，建立了相应的力学模型，研究得出了断层倾角和采掘活动对断层面剪应力的影响。

2. 陷落柱突水机理研究现状

20 世纪 40 年代，日本学者松泽勋在太原西山的煤矿中发现了不规则圆形柱状体，当时被称为无炭柱或陷没柱；1944 年 10 月，小贯义男等将这种柱状地体命名为陷落柱，一直被沿用至今。国内外学者对陷落柱的形态特征、伴生构造以及形成机理做了长期大量的研究，而陷落柱突水机理起步较晚，20 世纪 60 年代以来，随着多起陷落柱突水淹井事故的发生，科技工作者才开始对陷落柱的导突水机理进行研究。

在陷落柱导水研究方面，杨为民、周治安、李智毅研究了华北煤田陷落柱的充填特征，在此基础上分析了活化导水机理，认为泥石浆是陷落柱腔体及其裂隙的主要充填物，渗透性低，具有堵水作用，柱旁贯通性节理是重要的导水通道，可以将承压水切入柱体而引发陷落柱活化导水。李宣东通过对焦作、皖北等多家矿井揭露和探查陷落柱的研究，建立了陷落柱地质模型，指出其中的强富水段位于奥陶系上马家沟组，富水性强，渗透性高，是陷落柱主要补给含水层。李金凯、周万芳等通过对河北、河南等省份揭露的陷落柱突水资料分析认为，陷落柱导水要满足三个条件，即切穿富水性的含水层、含水层的地下水具有一定水压、陷落柱本身具有导水性。得出结论：大多陷落柱形成以后，经过地质历史时期的演化，陷落柱柱体胶结较好，具有较好的阻水能力，且无富水和水压条件，因此不会发生突水，而发育在富水的径流带上陷落柱则可能活化导水，造成突水事故。

在陷落柱突水机理研究方面，尹尚先、王尚旭、武强对陷落柱突水模式及机理进行了相关研究，将陷落柱突水通道概化呈厚壁圆筒力学模型，顶底板突水看作为厚壁桶盖破坏失稳，利用结构分析的剪切破坏理论，对陷落柱的力学条件做了简化，得出了简单易用的陷落柱突水理论判据，该理论能够判断陷落柱是否突水，并能预判突水位置。利用 FLAC3D 模拟分析了煤层底板陷落柱破坏特征及机理，认为在采动及承压水的作用下陷落柱形成张性破坏的可能性较小，一般产生剪切破坏，陷落柱的存在减小了底板隔水层厚度，降低了岩体强度，容易产生局部应力集中，关键层最小主应力一旦小于承压水水压时，承压水的渗水软化和压裂扩容即起作用，引起底板裂隙扩展、贯通，引发突水事故。经过系统研究，尹尚先、刘国林等将陷落柱突水模式分为顶底部和侧壁突水模式两种模式及四种子模式。

司海宝、杨为民利用力学理论、Druck—Parger 屈服准则、流动法则和岩体硬化规律，分析了导突水陷落柱突水的本构关系，提出了两类陷落柱突水模型。

许进鹏首次利用力学分析，推导了陷落柱柱体及侧壁的受力公式，研究了陷落柱侧壁裂隙扩展贯通机理，得出了相应的力学判据，求解了陷落柱柱体的不同破坏导水判据。

王家臣、李见波等研制了陷落柱突水模拟的试验台，并通过理论分析和数值模拟分析，将陷落柱引发突水的区域划分为：陷落柱侧壁岩体破坏区、采场前方塑性破坏区、陷落柱周边渗透区，建立了陷落柱突水的理论判据。

3. 人工导水通道及水源突水机理研究现状

人工导水通道及水源突水主要包括封闭不良钻孔及老空区所引起的突水事故，近年来这两种突水事故频发，特别是老空区突水。据不完全统计，近年来老空区水害占水害事故的 80% 左右。

国内外学者很早就注意到封闭不良钻孔是常引发突水事故的人工导水通道，为此也做了大量研究，如吕玉凤、刘庆国、李文刚等论述了软岩地层封闭不良钻孔的危害及解决方法和措施；邵玉强分析了采面过封闭不良钻孔开采安全性的评估方法；祁春燕等根据煤矿数据的时空特点，设计了封闭不良钻孔管理信息系统，实现了封闭不良钻孔的高效管理；许延春等研究了封闭不良钻孔可视化探测，并对探测效果进行了分析；靳月灿、孙亚军等基于有限厚度的承压非完整井理论，对某矿收缩开采阶段中封闭不良防尘取水孔的涌水量预测进行了讨论；邹军等通过物探与钻探相结合、封孔与堵源相结合、地面与井下注浆系统相结合的办法，探讨了高水位封闭不良水文长观孔井下治理技术。但对封闭不良钻孔突水机理的国内外研究较少。

4. 老空区突水机理研究现状

老空水突水机理方面，国内外学者通过理论分析及经验计算取得了较多的研究成果，如 20 世纪 80 年代《矿井水文地质规程》以梁理论为基础，采用拉伸破坏准则得出煤柱宽度和水压及煤层厚度、抗拉强度理论公式；20 世纪 90 年代，东峡煤矿的刘斌根据梁力学理论，综合考虑了水压、煤层厚度、煤的抗拉强度及抗压强度、基本顶岩层抗剪强度、塌陷角和煤层开采深深度等因素，研究了采动影响下适合老空区突水的判据；21 世纪初期，中国矿业大学刘长武、丁开旭以极限平衡理论研究了老空区水压与弹性煤柱的关系，提出了相应的理论公式及判据。

英国学者 B. N. Whitlaker、R. N. singh（1978）和印度学者 R. N. 古波达等人，也做了老空区突水机理做了研究，取得了一定的研究成果。

四、矿井水害监测预警研究现状

国外发达国家早已建立和完善了煤矿安全监控系统，如美国 HONEYWELL 公司的监控系统，且呈现出将安全监测和生产过程控制两大系统融合的趋势。在体系结构方面，系统包含多种现场总线标准，且与现场总线以外的标准兼容。

我国煤矿监控主要是在瓦斯监测方面，国产的主要有 KJ90、KJ95、KJ4/KJ2000 等。而相比之下，国内外水灾监控系统的应用却要落后很多，且现有的系统只具备部分预警功能。近年来国内多家科研单位展开了矿井突水预警系统的研究，2009 年，华北科技学院"矿井突水监测预警系统及其控制方法"获得了国家发明专利，该项发明涉及一种矿井突水灾害监测预警系统，其由原位测量子系统、数据采集子系统、数据传输控制子系统、数据及警情发布子系统组成，该项发明还涉及一种矿井突水灾害监测预警系统的控制方法。2011 年，由山西省煤炭地质局、华北科技学院、太原东山煤矿有限责任公司共同参与的"矿井突水灾害预警系统的研究"项目，主要是对水灾事故进行预警防范技术科技攻关，该研究成果在本领域内达到国际先进水平。另外，中国煤炭科工集团有限公司也展开了相关研究并取得了一定的研究成果。

国内煤矿水情监测系统主要对钻孔水位、矿井排水量以及水仓水位等进行实时监测，它的功能与采掘空间有无突水危险的预测预报及预警还不能相提并论。还有为数不多的水灾监测多以单因素或静态监测为主，仅对煤层底板的可疑地段进行定时定点监测，存在许多的缺陷。

第三节 技 术 路 线

在研究华北型煤田矿井突水机理及力学判据的基础上，确定监测预警模式、预警准则及监测预警关键技术，设计、实现矿井水害预警辅助系统、矿井水害物理预警系统、矿井水害化学预警系统，最后在华北型煤田多家矿井开展应用，验证系统稳定性及可行性，实现水害超前预测预报，确保煤层安全回采。技术路线如图 1-1 所示。

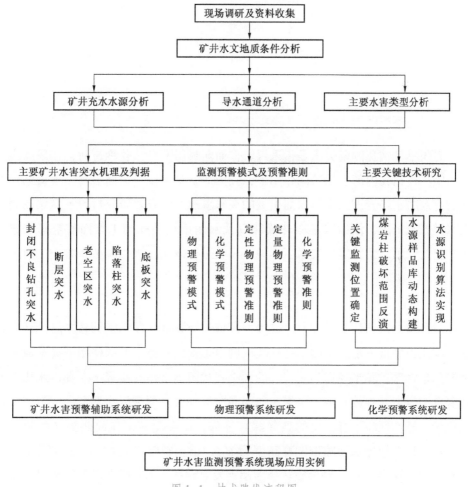

图 1-1 技术路线流程图

第二章 华北型煤田矿井主要突水机理及判据

第一节 封闭不良钻孔侧壁突水机理及判据

一、突水机理及工程地质模型概化

封闭不良钻孔侧壁突水是指采煤工作面向封闭不良钻孔推进时，在采场应力和封闭不良钻孔内部水压共同作用下，孔内地下水突破工作面与封闭不良钻孔之间的有效防水煤岩进入工作面而引发的突水事故。为有效研究封闭不良钻孔侧壁突水模式及机理，依据采场破坏规律以及封闭不良钻孔与工作面的空间位置关系，将封闭不良钻孔侧壁突水工程地质模型进行概化，概化模型如图 2-1 所示。

二、力学模型建立及突水判据

令封闭不良钻孔半径为 r_a，封闭不良钻孔导通富水性较强的含水层，孔内存在一定压力的地下水。封闭不良钻孔周围由于水压和地应力的作用下会形成一定范围的塑性区，其半径设为 r_p，r_p 的大小和封闭不良钻孔半径 r_a、孔内水压、钻孔侧壁围岩力学参数有关。采煤工作面向前推进时，顶底板会发育一定范围的塑性区域，塑性区除了有一定的高（深）度外，还会超前工作面迎头（两帮）一定距离，记顶板导水裂隙带发育高度为 $H_导$，顶板裂隙带超前发育距离为 l_r，底板最大破坏深度为 h_1，底板破坏裂隙超前发育距离为 l_f，煤层在工作面迎头（两帮）前方也有一定距离产生塑性破坏，记为煤柱塑性区超前发育距离 l_c。容易引

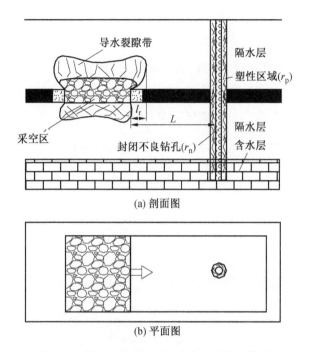

(a) 剖面图

(b) 平面图

图 2-1 封闭不良钻孔侧壁突水概化地质模型

起封闭不良钻孔突水的位置有 3 处，分别为顶板裂隙带前缘、底板破坏区域前缘和煤柱塑性区前缘。当这些位置和封闭不良钻孔塑性区域沟通时，则引发突水事故。

现以顶板裂隙带前缘封闭不良钻孔侧壁突水研究其突水机理，由前面地质模型分析可知，当封闭不良钻孔发生侧壁突水时，要满足式（2-1）。

$$f_s = l_r + (r_p - r_a) - L \geqslant 0 \qquad (2-1)$$

式中 f_s——封闭不良钻孔侧壁突水安全指数；

L——迎头前方距离封闭不良钻孔所留煤柱长度，m。

对于式（2-1）中 r_p 的求解，可以将封闭不良钻孔概化成内压作用下的厚壁圆，厚壁圆筒的内半径即为封闭不良钻孔的半径 r_a，外半径设为 r_b。钻孔内部水压为 p，封闭不良钻孔内筒塑性区的外壁与外筒内壁相互作用的径向压力为 q（封闭不良钻孔不同部位 p 和 q 不同，可以通过相关地质资料求取）。由图 2-1 可知，$r_b = L - l_r + r_a$，塑性区半径为 r_p，当 $r_p = r_b$ 时，$r_p = L - l_r + r_a$，即 $L - l_r - (r_p - r_a) = 0$，满足式（2-1），封闭不良钻孔将发生侧壁突水。

由弹塑性力学可知，封闭不良钻孔在内压作用下，所受到的主应力为 σ_θ、σ_z、σ_r，分别表示钻孔所受切向应力、垂向应力和法向应力，且满足 $\sigma_\theta > \sigma_z > \sigma_r$，$\sigma_\theta > 0$，$\sigma_r < 0$；产生的径向应变分量、切向应变分量和径向位移分别为 ε_r、ε_θ、u，应力、应变和位移分量满足平衡方程和几何方程。

平衡方程为

$$\frac{\mathrm{d}\sigma_r}{\mathrm{d}r} + \frac{\sigma_r - \sigma_\theta}{r} = 0 \qquad (2-2)$$

几何方程为

$$\varepsilon_r = \frac{\mathrm{d}u}{\mathrm{d}r} \qquad \varepsilon_\theta = \frac{u}{r} \qquad (2-3)$$

在封闭不良钻孔侧壁围岩塑性区内（$r_a \leqslant r \leqslant r_p$），满足摩尔—库仑准则，即满足方程：

$$\frac{1}{2}(\sigma_\theta - \sigma_r) = c\cos\varphi - \frac{1}{2}(\sigma_\theta + \sigma_r)\sin\varphi \qquad (2-4)$$

式中 c 为围岩的内聚力，将方程（2-4）代入方程（2-2）消去 σ_θ 可得

$$\frac{\mathrm{d}\sigma_r}{\mathrm{d}r} + \frac{\sigma_r}{r}\frac{2\sin\varphi}{1+\sin\varphi} - \frac{2c\cos\varphi}{1+\sin\varphi}\cdot\frac{1}{r} = 0 \qquad (2-5)$$

对式（2-5）积分可得：

$$\ln\left(\frac{2\sin\varphi}{1+\sin\varphi}\sigma_r - \frac{2c\cos\varphi}{1+\sin\varphi}\right) = -\frac{2\sin\varphi}{1+\sin\varphi}\ln r + \frac{2\sin\varphi}{1+\sin\varphi}C_1$$

令 $A = \dfrac{2\sin\varphi}{1+\sin\varphi}$，$B = -\dfrac{2c\cos\varphi}{1+\sin\varphi}$，由上式可以求出：$\sigma_r = \dfrac{D_1}{r^A} - \dfrac{B}{A}$，$C_1$、$D_1$ 为常数，根据塑性区的两个边界条件 $\sigma_r\big|_{r=r_a} = -p$，$\sigma_r\big|_{r=r_p} = -q$，由此可得

$$\frac{D_1}{r_a^A} - \frac{B}{A} = -p$$

$$\frac{D_1}{r_p^A} - \frac{B}{A} = -q$$

在封闭不良钻孔弹性区（$r_p \leqslant r \leqslant r_b$）$r = r_p$ 处，由厚壁圆筒理论可求得 $\sigma_r =$

$-q$，$\sigma_\theta = \dfrac{r_b^2 + r_p^2}{r_b^2 - r_p^2} q$，在该处的应力分量组合也满足摩尔—库仑准则，代入式（2-4）

可求得 $q = \dfrac{c(r_b^2 - r_p^2)\cos\varphi}{r_b^2 + r_p^2 \sin\varphi}$，代入塑性区的两个边界条件可求得

$$D_1 = r^A\left(\frac{B}{A} - p\right)$$

$$p = \frac{B}{A}\left(1 - \frac{r_p^A}{r_a^A}\right) + \frac{r_p^A}{r_a^A}\frac{c(r_b^2 - r_p^2)\cos\varphi}{r_b^2 + r_p^2 \sin\varphi} \qquad (2-6)$$

式（2-6）给出了 p 与 r_p 之间的关系，由前面分析可知当 $r_p = r_b$ 时，封闭不良钻孔将发生侧壁突水，有：

$$p = \frac{B}{A}\left(1 - \frac{r_p^A}{r_a^A}\right) = c\left[\left(\frac{r_b}{r_a}\right)^A - 1\right]\cot\varphi$$

由上式可得

$$r_b = r_a \cdot \sqrt[A]{\frac{p\tan\varphi + c}{c}} \qquad (2-7)$$

将式（2-7）代入式（2-1）可以求出封闭不良钻孔侧壁突水判据，有：

$$f_s = l_r + r_a\left(\sqrt[A]{\frac{p\tan\varphi + c}{c}} - 1\right) - L \geqslant 0 \qquad (2-8)$$

所以为了防止封闭不良钻孔侧壁突水，煤柱留设宽度应大于 $l_r + r_a\left(\sqrt[A]{\dfrac{p\tan\varphi + c}{c}} - 1\right)$。同理可以得出底板破坏区域前缘和煤柱塑性区前缘封闭不良钻孔突水判据，只需将式（2-8）中的 l_r 换成 l_f 或 l_c，其他岩石力学参数换成对应的底板岩层或煤层的力学参数即可。

第二节　断层突水机理及判据

断层突水是矿井水害防治的重点，导水断层一般都要采用多种防治水手段避免水害事故的发生，而不导水断层往往被人们忽视，这类断层在采动影响下有可能发生活化引发突水事故，因此研究断层突水机理及判据的意义重大。断层活化

是指相对稳定的断层在其他外在原因（如水库建设、采矿、地震等）作用下重新激活，开始活动。断层活化可以使不导水断层演化为导水断层，或者使弱导水断层演化为强导水断层，增大突水概率，因而在生产过程中应注意防范。

为研究断层在采动影响下的活化危险性，在前人研究的基础上，将采煤工作面及断层的空间位置和受力情况概化成如图 2-2 所示的力学模型，研究断层在地应力、采动应力场、水压等作用下发生活化的判据。

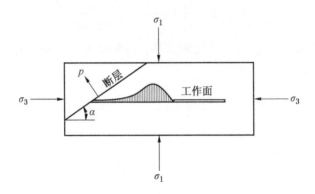

图 2-2 采动影响下断层活化二维受力简化模型

初始应力状态下断层面上的正应力 σ_n 与剪应力 τ_n 分别为

$$\sigma_n = \frac{1}{2}(\sigma_1 + \sigma_3) + \frac{1}{2}(\sigma_1 - \sigma_3)\cos2\alpha \qquad (2-9)$$

$$\tau_n = \frac{1}{2}(\sigma_1 - \sigma_3)\sin2\alpha \qquad (2-10)$$

式中　σ_1——最大主应力；

　　　σ_3——最小主应力；

　　　α——断层倾角，（°）。

如断层为含导水断层，则断层同时还受到静水压力 p 的影响，p 的大小与断层面水头高度 h 有关：$p=\rho gh$，在断层含导水情况下，式（2-9）可以写成下式：

$$\sigma_n = \frac{1}{2}(\sigma_1 + \sigma_3) + \frac{1}{2}(\sigma_1 - \sigma_3)\cos2\alpha - \rho gh \qquad (2-11)$$

根据库仑破坏准则，断层面上的抗剪强度 τ_f 为

$$\tau_f = \sigma_n \tan\varphi_f + c_f \tag{2-12}$$

式中　c_f——断层面充填物的黏聚力;

　　　φ_f——断层面充填物的内摩擦角。

设断层活化指数 f 为

$$f = \tau_n - \tau_f \tag{2-13}$$

将式 (2-10) 和式 (2-11) 代入式 (2-13) 得:

$$f = \frac{1}{2}(\sigma_1 - \sigma_3)\sin2\alpha - \left\{\left[\frac{1}{2}(\sigma_1 + \sigma_3) + \frac{1}{2}(\sigma_1 - \sigma_3)\cos2\alpha - \rho gh\right]\tan\varphi_f + c_f\right\}$$
$$\tag{2-14}$$

根据以岩层运动为中心的矿山压力控制理论,由于采动的影响工作面两帮会出现应力增量,其分布形式如图 2-2 所示。由于工作面平行断层推进,工作面至断层的距离不变,应力增量大小一定,且为计算方便将应力增量采用矿山压力的方式融入最大主应力和最小主应力:

$$\sigma_1 = K_z \gamma H \tag{2-15}$$

$$\sigma_3 = \lambda K_z \gamma H \tag{2-16}$$

式中　K_z——应力集中系数;

　　　γ——上覆岩层的平均密度;

　　　H——采深;

　　　λ——侧压系数。

将式 (2-15) 和式 (2-16) 代入式 (2-14) 得

$$f = \frac{1}{2}K_z\gamma H(1-\lambda)\sin2\alpha - \left\{\left[\frac{1}{2}K_z\gamma H(1+\lambda) + \right.\right.$$
$$\left.\left.\frac{1}{2}K_z\gamma H(1-\lambda)\cos2\alpha - \rho gh\right]\tan\varphi_f + c_f\right\} \tag{2-17}$$

可以利用式 (2-17) 来判断断层是否出现活化,当断层活化指数 $f \geq 0$ 时,断层将出现活化。同时由式 (2-17) 也可以得出影响断层活化的因素主要包括:断层的富水性、断层倾角、断层带特性、断层所处的位置等。

(1) 断层的富水性:断层带内富水有利于断层的活化,断层富水不但减小了正应力而且使得断层带内的摩擦系数大大降低,因此断层带富水且水头较高时断层更容易活化。

（2）断层倾角：断层的破坏形式与断层倾角有很大关系，随着断层倾角的增大断层的破坏形式依次表现为剪切破坏和拉破坏。断层倾角越大，断层越容易活化。

（3）断层带特性：主要指带内的胶结物及胶结程度，表现在断层带内的黏结系数和内摩擦角的大小，从式（2-17）可以看出，黏结系数和内摩擦角越大，断层活化的概率越小。

（4）断层所处的位置：主要是指断层与工作面的空间位置关系，包括工作面的埋深，工作面到断层的距离，以及工作面的推进方向。从式（2-17）可看出，随着工作面埋藏深度的增加矿山压力也逐渐增加，有利于断层的活化，另外工作面距离断层越近则应力集中系数逐渐增大，也利于断层的活化。

如果断层导水或不导水但有活化危险，则根据《煤矿防治水细则》的相关要求设置其突水判据为

$$f_s = \left[0.5KM\sqrt{\frac{3P}{K_P}} \geqslant 20 \right] - (L - l_c) \geqslant 0 \qquad (2-18)$$

式中　　L——煤柱留设宽度，m；

　　　　l_c——煤柱塑性区超前发育距离，m；

　　　　M——煤层厚度，m；

　　　　P——水柱压力，MPa；

　　　　K_P——煤的抗张强度，MPa；

　　　　K——安全系数，一般取 2~5。

第三节　陷落柱突水机理及判据

根据陷落柱与采煤工作面或巷道的空间位置关系，将陷落柱突水模式分为顶底部突水（图2-3）和侧壁突水（图2-4），顶底部突水又进一步分为薄板理论子模式和剪切破坏理论子模式两种模式。

（1）薄板理论子模式适用于简盖关键层完整且厚度较小的情况，底板关键

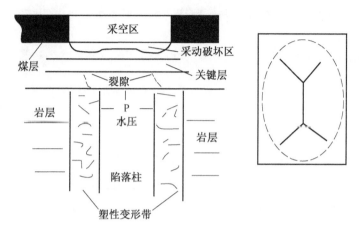

图 2-3　陷落柱顶部突水模式受力简化模型

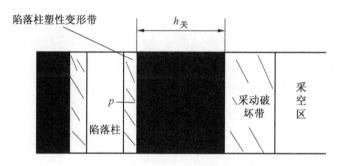

图 2-4　陷落柱侧壁突水模式受力简化模型

层破断时的极限弯矩为其突水判据，$M_s = \dfrac{1}{6} h_{关}^2 \sigma_t$，式中 σ_t 为关键层岩石的抗拉强度；$h_{关}$ 为关键层的厚度，实际中很少出现这种突水模式。

（2）剪切破坏理论子模式应用条件为简盖关键层厚度较大时，圆柱形陷落柱端盖剪切破坏时的临界水压值与底板厚度的关系，呈二次抛物线方程，$p_1 = \dfrac{1}{2\xi} h_{关}^2 \gamma_g \nu \tan\theta + \dfrac{2}{\xi}(H_0 \gamma_d \nu \tan\theta + c)h - Q + W$，式中 p_1 为极限水压；ξ 为陷落柱横截面积与周长之比；$h_{关}$ 为关键层厚度；γ_g 为隔水层岩体容重；ν 为侧压系数；θ 为内摩擦角；H_0 为工作面顶板垂深；γ_d 为顶板岩体容重；c 为黏聚力；Q 为矿山压力；W 为端盖自重。

煤柱侧壁突水采用总剪切力与抗剪切力极限平衡法，可得侧壁突水的极限水

压为 $p_1 = \dfrac{4h_煤}{M}\left[(H_0\gamma_d + M\gamma_g)\tan\theta + c\right] - Q$，式中 $h_煤$ 为煤柱宽度；M 为煤层厚度。

第四节　老空区突水机理及判据

根据老空区与工作面的空间位置关系，将老空区突水分为顶板老空区突水和邻近老空区突水。把老空区位于采煤工作面顶板之上而引发的突水称为顶板老空区突水；将老空区与开采煤层位于同一煤层，且老空区相邻于采煤工作面而引发的突水称为邻近老空区突水。

一、顶板老空区突水机理及判据

顶板老空区位于开采煤层顶部（图 2-5）。老空区由于开采的影响，在其顶底板一定范围内发育塑性破坏区域，即顶板导水裂隙带和底板破坏带（深度记为 h_1）。当老空区下方煤层开采时所产生的顶板导水裂隙带（高度记为 h_2）与上覆老空区底板破坏带之间的有效隔水层（厚度记为 h）较薄时，在上覆岩体和老空区水压的作用下，有效隔水层可能产生塑性破坏，形成导水通道，从而引发顶部老空区积水进入下方煤采煤工作面内引发突水事故。

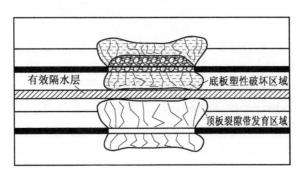

图 2-5　顶板老空区突水概念模型

1. 有效隔水层抗剪破坏力学模型及判据

为研究顶板老空区突水机理，在水平或近水平的情况下，将老空区下方有效

隔水层简化成四边固支的承受均布载荷的薄板，其力学模型如图 2-6 所示。

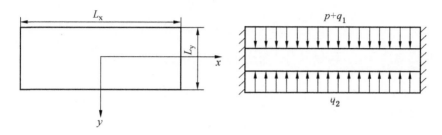

图 2-6　顶板老空区突水力学模型图

薄板的上部受上部岩体的自重应力 q_1 和老空区水压 p 的作用，板的下部受下方煤层裂隙带的支撑作用 q_2。四周固支受均布载荷 $q = p + q_1 + \gamma h - q_2$。

根据弹塑性力学薄板理论，固支边界条件下有效隔水层中面的挠曲函数为

$$W(x,\ y) = \sum_m \sum_n \frac{W_{mn}}{4}\left[1 - (-1)^m\cos\frac{2m\pi x}{L_x}\right]\left[1 - (-1)^n\cos\frac{2m\pi y}{L_y}\right]$$

$$(m = n = 1,\ 2,\ 3,\ \cdots) \tag{2-19}$$

令有效隔水层的应变能为 U，外力势能为 V，根据理论分析及经验，取式（2-19）第一项即 $m=n=1$ 可满足现场要求，则根据最小势能原理有：

$$\frac{\partial(U+V)}{\partial W_{11}} = \frac{\partial\left[\dfrac{D}{2}\displaystyle\int_{-L_{x/2}}^{L_{x/2}}\int_{-L_{x/2}}^{L_{x/2}}(\nabla^2 W)^2\mathrm{d}x\mathrm{d}y - q\int_{-L_{x/2}}^{L_{x/2}}\int_{-L_{x/2}}^{L_{x/2}}W\mathrm{d}x\mathrm{d}y\right]}{\partial W} = 0$$

$$\tag{2-20}$$

式中 D 为有效隔水层的抗弯刚度，根据理论分析及经验，令 $m=n=1$，并将式（2-19）代入式（2-20）并求解可得

$$\frac{\partial(U+V)}{\partial W_{11}} = \frac{\partial\left[\dfrac{D\pi^4 W_{11}^2}{8}\left(\dfrac{3L_y}{L_x^3} + \dfrac{3L_x}{L_y^3} + \dfrac{2}{L_x L_y}\right) - \dfrac{q W_{11} L_x L_y}{4}\right]}{\partial W_{11}} = 0 \tag{2-21}$$

求解上式可得

$$W_{11} = \frac{q L_x^4}{D\pi^4(3 + 3L_x^4/L_y^4 + 2L_x^2/L_y^2)} \tag{2-22}$$

将式（2-22）代入式（2-19）可得

$$W = \frac{qL_x^4L_y^4}{D\pi^4(3 + 3L_x^4/L_y^4 + 2L_x^2/L_y^2)}\cos^2\frac{\pi x}{L_x}\cos^2\frac{\pi y}{L_y} \qquad (2-23)$$

根据弹性理论，薄板内应力与挠曲函数应满足下列方程：

$$\left.\begin{array}{l} \sigma_x = \dfrac{EZ}{1 - v^2}\left(\dfrac{\partial^2 W}{\partial x^2} + v\dfrac{\partial^2 W}{\partial y^2}\right) \\[3mm] \sigma_y = \dfrac{EZ}{1 - v^2}\left(\dfrac{\partial^2 W}{\partial y^2} + v\dfrac{\partial^2 W}{\partial x^2}\right) \\[3mm] \sigma_{xy} = \dfrac{EZ}{1 - v^2}\dfrac{\partial^2 W}{\partial x\partial y} \\[3mm] \sigma_z = 0 \end{array}\right\} \qquad (2-24)$$

将式（2-23）代入式（2-24）可得

$$\left.\begin{array}{l} \sigma_x = \dfrac{24L_x^2L_y^2qZ}{\pi^2[3(L_x^4 + L_y^4) + 2L_x^2L_y^2]h^3}\left(L_y^2\cos\dfrac{2\pi x}{L_x}\cos^2\dfrac{\pi y}{L_y} + vL_x^2\cos\dfrac{2\pi y}{L_y}\cos^2\dfrac{\pi x}{L_x}\right) \\[4mm] \sigma_y = \dfrac{24L_x^2L_y^2qZ}{\pi^2[3(L_x^4 + L_y^4) + 2L_x^2L_y^2]h^3}\left(L_x^2\cos\dfrac{2\pi y}{L_y}\cos^2\dfrac{\pi x}{L_x} + vL_y^2\cos\dfrac{2\pi x}{L_x}\cos^2\dfrac{\pi y}{L_y}\right) \\[4mm] \tau_{xy} = \dfrac{1 - v}{2}\dfrac{24L_x^2L_y^2qZ}{\pi^2[3(L_x^4 + L_y^4) + 2L_x^2L_y^2]h^3}\sin\dfrac{2\pi x}{L_x}\sin\dfrac{2\pi y}{L_y} \\[4mm] \sigma_x = 0 \end{array}\right\}$$

$$(2-25)$$

通过计算可以求出薄板中的最大主应力，有：

$$\left.\begin{array}{l} \sigma_1 = \dfrac{12L_x^2L_y^2(L_x^2 + vL_y^2)q}{\pi^2[3(L_x^4 + L_y^4) + 2L_x^2L_y^2]h^2} \\[4mm] \sigma_2 = \dfrac{12L_x^2L_y^2(L_y^2 + vL_x^2)q}{\pi^2[3(L_x^4 + L_y^4) + 2L_x^2L_y^2]h^2} \\[4mm] \sigma_3 = 0 \end{array}\right\} \qquad (2-26)$$

根据莫尔—库仑（Mohr—Coulomb）屈服准则，当主应力满足式（2-27）时，有效隔水层产生剪切破坏。

$$f_s = \sigma_1 - \sigma_3 \frac{1 + \sin\varphi}{1 - \sin\varphi} - 2c\sqrt{\frac{1 + \sin\varphi}{1 - \sin\varphi}} \geqslant 0 \qquad (2-27)$$

式中 c、φ 分别是黏结力和内摩擦角。

将 $q = p + q_1 + \gamma h - q_2$ 和式（2-26）代入式（2-27）可以得出顶板老空区有效隔水层抗剪破坏突水的判别准则为

$$f_{s1} = \frac{12L_x^2 L_y^2 (L_x^2 + \upsilon L_y^2)(p + q_1 + \gamma h - q_2)}{\pi^2 [3(L_x^4 + L_y^4) + 2L_x^2 L_y^2]h^2} - 2c\sqrt{\frac{1 + \sin\varphi}{1 - \sin\varphi}} \geqslant 0 \qquad (2-28)$$

式中　L_x、L_y——分别为所研究区域的长及宽；

　　　　γ——有效隔水层容重；

　　　　q_2——煤层顶板裂隙带残余强度。

2. 有效隔水层抗拉破坏力学模型及判据

根据塑性理论的板极限分析方法，当有效隔水层达到破坏时，其破坏位置形成塑铰线（图2-7）。由于临界破坏之前仍然处于平衡状态，根据虚功原理，令总虚应变能为 U，外力总虚功为 V，则有：

$$U = V \qquad (2-29)$$

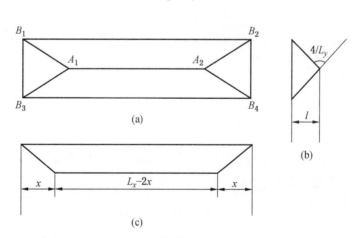

图2-7　有效隔水层破坏塑铰线

根据塑性理论，U 为塑铰线所做功的和，计算后得

$$U = \frac{4(L_y^2 + 2L_x x)M}{L_y x} \qquad (2-30)$$

外力总虚功为

$$V = \left(\frac{1}{2}L_y L_x - \frac{1}{3}L_y x\right)q \qquad (2-31)$$

将式（2-30）和式（2-31）代入式（2-29）得

$$\frac{4(L_y^2 + 2L_x x)M}{L_y x} = \left(\frac{1}{2}L_y L_x - \frac{1}{3}L_y x\right)q \qquad (2-32)$$

式中 $M = S_t h^2/4$，M 为有效隔水层极限变矩，S_t 为有效隔水层平均抗拉强度。

整理后可得

$$q = \frac{24(L_y^2 + 2x L_x)M}{L_y^2 x(3L_x - 2x)} \qquad (2-33)$$

方程（2-33）两边对 x 求导可得

$$\frac{dq}{dx} = \frac{48L_x M}{L_y^2 x(3L_x - 2x)} - \frac{(24L_y^2 + 48L_x x)M}{L_y^2 x^2(3L_x - 2x)} + \frac{2(24L_y^2 + 48L_x x)M}{L_y^2 x(3L_x - 2x)^2} -$$

$$\frac{(L_y - \sqrt{3L_x^2 + L_y^2})L_y}{2L_x}$$

令 $\dfrac{dq}{dx} = 0$，可得

$$x = -\frac{1}{2}\frac{(L_y - \sqrt{3L_x^2 + L_y^2})L_y}{L_x} \qquad (2-34)$$

将式（2-34）代入式（2-33）可以得出老空区顶板有效隔水层在抗拉模式下所能够承受的最大载荷：

$$q_{max} = \frac{48\sqrt{3L_x^2 + L_y^2}\,ML_x^2}{L_y^2(\sqrt{3L_x^2 + L_y^2} - L_y)(3L_x^2 + L_y^2 - L_y\sqrt{3L_x^2 + L_y^2})} \qquad (2-35)$$

当实际载荷 $q = p + q_1 + \gamma h - q_2 > q_{max}$ 时，将会发生突水危险，因此顶板老空区有效隔水层抗拉破坏力学判据为

$$f_{s2} = p + q_1 + \gamma h - q_2 - \frac{12\sqrt{3L_x^2 + L_y^2}\,S_t h^2 L_x^2}{L_y^2(\sqrt{3L_x^2 + L_y^2} - L_y)(3L_x^2 + L_y^2 - L_y\sqrt{3L_x^2 + L_y^2})} \geq 0$$

$$(2 - 36)$$

3. 顶板老空区突水综合判据

综合以上分析，顶板老空区有效隔水层有可能产生两种破坏形式：剪切破坏和拉张破坏，当式（2-28）和式（2-36）有一个 f_s 大于或等于 0 时，则有突水危险，因此顶板老空区突水综合判据可以定义为

$$f_s = \max(f_{s1}, f_{s2}) \geq 0 \qquad\qquad (2 - 37)$$

二、邻近老空区突水机理及判据

邻近老空区和开采煤层位于同一煤层（图 2-8）。由于采动影响，在煤层的顶底板以及煤层都发育有超前裂隙，老空区积水渗流进入超前发育裂隙中对两者之间的有效煤岩柱（记为 l）产生一定的水压，当有效煤岩柱在水压和采场应力的联合作用下产生塑性断裂变形则引发突水事故。引发突水事故的位置主要有 3 处，分别为顶、底板裂隙发育前缘和煤柱塑性区前缘。

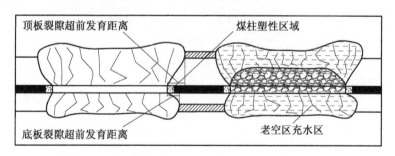

图 2-8　邻近老空区突水概念模型图

现以煤柱突水为例子，根据邻近老空区突水概念模型建立如图 2-9 所示的邻近老空区突水力学模型。

在采动影响下，工作面前方和老空区前方都有部分煤柱产生塑性破坏，这部分煤柱塑性区对防治水不起作用，同时在老空区一侧，老空水可以渗流进入煤柱塑性区，现以老空区一侧弹性煤柱的起点作为坐标原点建立如图 2-9 所示的坐标

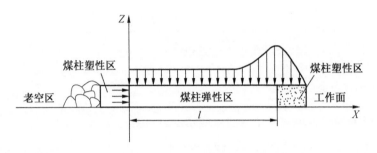

图 2-9　邻近老空区突水力学模型

系，其中在老空区一侧塑性区域内部充有水压为 p 的老空区积水，则弹性区域煤柱所受的水平压力为 $p+\lambda\gamma H$，λ 为侧压系数。

在老空区一侧弹性区煤柱中任取一高度为 m、长为 dx 的单元体，由静力平衡条件，当单元体处于平衡状态时，有：

$$2c + 2\sigma_z\tan\varphi + \frac{d\sigma_x}{dx}m = 0 \qquad (2-38)$$

当煤柱产生塑性剪切破坏时，根据摩尔—库仑准则及现场受力情况，此时水平应力 σ_x 大于垂直应力 σ_z，所以摩尔—库仑屈服准则写成：

$$\frac{\sigma_z + c \cdot \cot\varphi}{\sigma_x + c \cdot \cot\varphi} = \frac{1}{\xi}$$

$$\xi = \frac{1 + \sin\varphi}{1 - \sin\varphi}$$

则有

$$\sigma_z = \frac{1}{\xi}\sigma_x + \left(\frac{1}{\xi} - 1\right)c \cdot \cot\varphi \qquad (2-39)$$

将式（2-39）代入式（2-38），整理得

$$\sigma'_x + \frac{2\tan\varphi}{m\xi}\sigma_x = -\frac{2c}{m\xi} \qquad (2-40)$$

解微分方程（2-40）得

$$\sigma_x = A_1 e^{-\frac{2\tan\varphi}{m\xi}x} - c \cdot \cot\varphi \qquad (2-41)$$

当 $x=1$ 时，将 $\sigma_x = \lambda K\gamma H$ 代入式（2-41）得

$$A_1 = (\lambda K\gamma H + c \cdot \cot\varphi)\, \mathrm{e}^{\frac{2\tan\varphi}{m\xi}l} \qquad (2-42)$$

将式（2-42）代入式（2-41），得

$$\sigma_x = (\lambda K\gamma H + c \cdot \cot\varphi)\, \mathrm{e}^{\frac{2\tan\varphi}{m\xi}(l-x)} - c \cdot \cot\varphi \qquad (2-43)$$

当 $x=0$，煤柱产生剪切破坏时，水压为 P_1，则将 $\sigma_x = P_1 + \lambda\gamma H$ 代入式（2-43），可得极限水压与煤柱宽度的关系式：

$$P_1 = (\lambda K\gamma H + c \cdot \cot\varphi)\, \mathrm{e}^{\frac{2\tan\varphi}{m\xi}l} - c \cdot \cot\varphi - \lambda\gamma H \qquad (2-44)$$

在有效防水煤柱宽度 l 一定的情况下，当老空区积水水压 p 大于或等于极限水压力 P_1 时，有发生老空区突水危险，所以可得邻近老空区突水的理论判据为

$$f_{s1} = p - (\lambda K\gamma H + c \cdot \cot\varphi)\, \mathrm{e}^{\frac{2\tan\varphi}{m\xi}l} + c \cdot \cot\varphi + \lambda\gamma H \geqslant 0 \qquad (2-45)$$

式中　　λ——围岩的侧压系数；

　　　　p——水压力；

　　　　m——煤岩柱厚度；

　c、φ——煤层或岩层黏聚力及内摩擦角；

　　　　γ——上覆岩层平均容重；

　　　　H——采深；

　　　　K——最大集中应力常数。

同时为防止邻近老空区突水，其煤柱的最小宽度还需要满足《煤矿防治水细则》的相关规定，因此根据规定可得出邻近老空区突水的另一判据为

$$f_{s2} = \left[0.5KM\sqrt{\frac{3P}{K_{\mathrm{P}}}} \geqslant 20 \right] - l \geqslant 0 \qquad (2-46)$$

当 f_{s2} 大于或等于 0 时，说明实际留设的煤柱小于规定煤柱，因此有突水危险。

另外，为有效防止邻近老空区突水，还要保证其顶底板裂隙带前缘不发生突水，因此根据《煤矿防治水细则》建立其突水判据：

$$f_{s3} = \frac{p}{T_{\mathrm{s}}} + 10 - l_{\mathrm{t}} \geqslant 0 \qquad (2-47)$$

式中 l_t——顶板或底板裂隙发育前缘有效隔水岩柱宽度，m；

p——有效隔水岩柱处水压，MPa；

T_s——临界突水系数，MPa/m。

当 f_{s3} 大于或等于 0 时，则有发生突水危险。

综上可以得出邻近老空区突水综合判据：

$$f_s = \max(f_{s1}, f_{s2}, f_{s3}) \geqslant 0 \qquad (2-48)$$

表示 f_{s1}、f_{s2}、f_{s3} 有一个大于 0 时，即有突水危险。

第五节 顶底板突水机理及判据

一、顶板突水判据

根据有关煤矿防治水的规定，以下情况不允许导水裂隙带波及水体，否则会引发突水事故。

（1）直接位于基岩上方或底界面下无稳定的黏性土隔水层的各类地表水体。

（2）直接位于基岩上方或底界面下无稳定的黏性土隔水层的松散孔隙强、中含水层水体。

（3）底界面下无稳定的泥质岩类隔水层的基岩强、中含水层水体。

（4）急倾斜煤层上方的各类地表水体和松散含水层水体。

（5）要求作为重要水源和旅游地保护的水体。

为有效避免水害事故发生，按照规定需要留设顶板防隔水煤岩柱，具体要求为

$$H_{sh} \geqslant H_{li} + H_b + H_{fe}$$

式中 H_{sh}——顶板防隔水煤岩柱宽度，m；

H_{li}——导水裂隙带发育高度，m；

H_b——保护层宽度（有效隔水岩柱），m；

H_{fe}——风氧化带宽度，m。

据此，得出中、强水体下顶板突水判据为

$$f_s = H_{li} + H_b + H_{fe} - H_{sh} \geqslant 0$$

二、底板突水判据

底板突水机理研究较多，张金才、张玉卓、刘天泉等将煤层开采后的底板划分为导水裂隙带（记为 h_1）和有效隔水层带（$h - h_1$），认为有效隔水层受到的矿压影响较小，在底部承压水的作用会像板一样发生弯曲，当水压足够大时有效隔水层将产生塑性破坏，引发突水事故。令底部水压为 p，有效隔水层的自重应力为 $\gamma(h - h_1)$，其受力情况如图 2-10 所示。

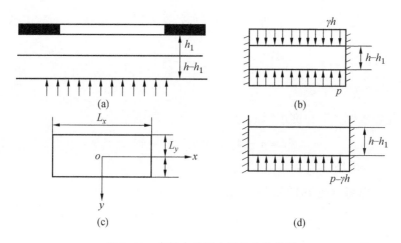

图 2-10　底板有效隔水层的力学模型

张金才、张玉卓、刘天泉等利用薄板理论，采用 Ritz 法进行了求解，得出了以 H. Tresca 屈服准则下完整底板或存在不导水断层底板所能承受的水压力，即

$$\left.\begin{aligned}
p_1 &= A_1(h - h_1)^2 \tau_0 + \gamma h \\
A_1 &= \frac{\pi^2 \left[3(L_x^4 + L_y^4) + 2L_x^2 L_y^2 \right]}{6K_1 L_x^2 L_y^2 (L_x^2 + \upsilon L_y^2)}
\end{aligned}\right\} \tag{2-49}$$

式中　　τ_0——底板岩层平均抗剪强度；

　　　　h_1——底板破坏深度；

　　　　h——底板厚度；

　　　　γ、υ——底板岩层容重及泊松比；

L_x、L_y——研究区域的长及宽；

p_1——极限水压；

K_1——1~2.5。

在此突水模式下，底板突水判据为

$$f_{s1} = p - A_1(h - h_1)^2 \tau_0 + \gamma h \geqslant 0 \qquad (2-50)$$

即当$f_{s1} \geqslant 0$时，有底板突水危险性。

同时利用塑性理论的极限分析方法，以抗拉强度为准则，得出断层影响下底板所能成承受的极限水压。

$$p_2 = A_2(h - h_1)^2 S_t + \gamma h \qquad (2-51)$$

$$A_2 = \frac{12L_x^2}{K_2 L_y^2 (\sqrt{3L_x^2 + L_y^2} - L_y)^2}$$

式中K_2取1~2.5。

在此突水模式下，突水判据为

$$f_{s2} = p - A_2(h - h_1)^2 S_t + \gamma h \geqslant 0 \qquad (2-52)$$

即当$f_{s2} \geqslant 0$时，有底板突水危险性。

综上可以得出底板突水综合判据为

$$f_s = \max(f_{s1}, f_{s2}) \geqslant 0$$

表示f_{s1}、f_{s2}中有一个大于0时，即有突水危险。

第三章　矿井水害预警模式及预警准则研究

第一节　矿井突水预警监测指标的确定

矿井突水是一种复杂的流固耦合力学过程，其主要影响因素很多，如采掘活动影响、采场应力、矿井水压、隔水煤岩柱（隔水层）厚度、围岩力学性质等，但其主控因素为矿井水压和隔水煤岩柱（隔水层）厚度，同时不同含水层在水温、水质上也存在一定的差异，这些主控因素和差异为监测指标的确定提供了基础。

在同时考虑指标的可预警性以及易获取性的基础上，经过理论分析、实验室和现场测试，确定矿井突水预警监测指标为隔水煤岩柱（隔水层）电阻率、微震波、矿井水温、矿井水压、应力应变和常规矿井水化学指标。

一、隔水煤岩柱电阻率、微震波监测

研究表明岩层在破坏前后，其电阻率会产生变化，同时岩石产生变形破坏，也会产生微震波。因此通过地球物理手段，实时监测隔水煤岩柱电阻率和微震波，可以分析采动影响下隔水煤岩柱的破坏范围，确定顶底板塑性区超前发育距离，求出有效隔水煤岩柱厚度。监测视电阻率还可以实时监测地下水的分布情况。如在底板突水预警中，在工作面进、回风巷布置预警系统，每 5~10 m 布置一测量电极，同时在巷道顶底板位置布置检波器，每个巷道需要安装一台采集主机（图 3-1），实时监测底板隔水层的电阻率和微震波，通过电阻率的变化及微

震事件发生的空间位置，分析底板破坏深度，求出有效隔水层厚度，并利用视电阻率实时监测底板含水层地下水的分布，实时判断地下水是否向上渗透运移，为矿井水害预警提供基础参数和预警依据。

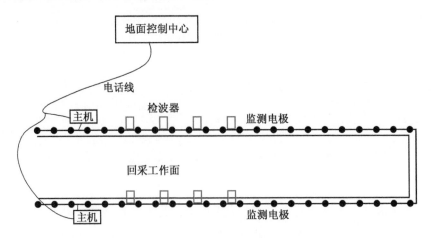

图 3-1　隔水煤岩柱电阻率、微震波监测示意图

　　因此利用隔水煤岩柱（隔水层）电阻率和微震波监测指标可以分析得出隔水煤岩柱（隔水层）塑性破坏范围、有效隔水煤岩柱厚度以及地下水实时分布。该监测指标的优点是能够在监测范围内全面获得，缺点是只是测得突水判据的间接指标，需要进行解译，其解译的准确率是水害预警的关键。

二、水温、水压、应力应变监测

　　在目标监测位置，通过向监测部位打钻孔并埋设水温、水压、应力应变传感器，实时监测该点的水温、水压、应力应变，通常将水温、水压传感器埋置于目标水源与煤层之间的某一薄的含水层，而应力应变传感器埋置于较完整的隔水层中，如图 3-2 所示。

　　不同含水层水温、水压可能不同，通过实时监测某一位置的水温水压，可以判断是否有强含水层的水进入监测位置。对于目标突水含水层还需在预警范围附近专门布置长观孔，实时监测其水位，一方面为突水判据提供参数，另一方面如果该含水层水位变化，特别是突然降低则表明该含水层的水有可能向工作面导通

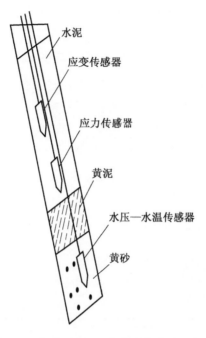

图 3-2 水温、水压、应力应变监测示意图

引发突水事故。通过监测该点的应力可以实时换算该点附近的采场应力值，为突水判据提供参数。

通过改造图 3-2 的设计，可以实现对采动影响下围岩破坏范围的监测。在井下工作面的外围巷道或硐室中，向工作面内斜上方打小口径仰斜监测钻孔，钻孔穿过预计的覆岩破坏范围并超过预计顶界一定高度，采用钻孔双端堵水器对钻孔进行逐段封隔，在封隔空腔内埋设水压传感器（图 3-3），并利用注水装置向空腔内注入恒压的水，当工作面推进至监测位置时，实时监测孔内传感器压力的变化，当某一传感器压力突然降低时，说明该传感器位置岩层产生了塑性破坏，根据不同位置传感器压力的变化，可以分析出顶底板破坏高度以及塑性区超前发育距离。

三、矿井常规水化学指标监测

矿井水害发生前一般均有滴、淋水等出水现象，此现象后有的在 3~5 个小时后突水，有的在长达数月后发生突水。在井下有出水现象时，在短时间内识别

35

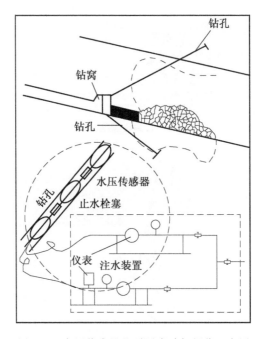

图 3-3　水压传感器监测围岩破坏规律示意图

出出水水源，就可以采取必要的措施，为突水事故的处理争取时间、争取主动，以利于水害的及时防治及井下人员的快速撤离，从而最大限度地减低突水事故所带来的损失，减少人员伤亡，实现矿井水害预警的目的。

矿井水化学特征受含水层岩性、地质构造、采掘活动、地下水径流条件以及氧化—还原环境等因素的影响，不同含水层之间由于隔水层的存在，限制了地下水之间的相互导通，各含水层水化学特征具有相对独立性，水化学指标存在一定的差异，如第四系含水层岩性多为黏土、砂质黏土、砂砾层等，地下水径流条件好，因此第四系含水层水 TDS 一般较低，水质类型以 HCO_3—Ca 型为主。煤系砂岩裂隙含水层由于有多种不稳定的长石类矿物，如钾长石、钠长石等，它们的水解导致地下水中 $K^+ + Na^+$ 含量相对较高。在深部或者开采初期，煤系地层处于缺氧的还原环境，煤层顶底板富含的 Na^+、K^+，与地下水中的 Ca^{2+} 发生阳离子交替吸附作用；在有机物和脱硫细菌的作用下，使地下水中的 SO_4^{2-} 还原成 H_2S 气体（脱硫酸作用），地下水由硫酸钠型水变为重碳酸钙型水，从而使得 HCO_3^- 增加，

SO_4^{2-} 含量相对减小。其反应式：

$$2Na^+ + CaSO_4 \longrightarrow Ca^{2+} + Na_2SO_4$$

$$Na_2SO_4 + 2C + 2H_2O \xrightarrow{细菌} 2NaHCO_3 + H_2S\uparrow$$

因此在深部或者开采初期，砂岩裂隙水质类型多以 HCO_3—K+Na 为主，且 TDS 一般较第四系的大。

随着煤层的开采，采空区处于氧化环境，地下水与煤系地层中的硫化物等进行氧化作用，而使地下水中的 SO_4^{2-} 含量增高，水的酸性增强。其反应式：

$$2FeS_2 + 7O_2 + 2H_2O \longrightarrow 2FeSO_4 + 2H_2SO_4$$

$$4FeSO_4 + 2H_2SO_4 + O_2 \longrightarrow 2Fe_2(SO_4)_3 + 2H_2O$$

$$Fe_2(SO_4)_3 + 2H_2O \longrightarrow 2Fe(OH)_3\downarrow + 3H_2SO_4$$

因此老空区水一般酸性较大，pH 值较低，TDS 较大。

综上，不同水源的水化学指标由于受含水层岩性、地质构造、采掘活动、地下水径流条件以及氧化—还原环境等因素的影响，表现出了一定的差异，这种差异可以通过数学模型进行表达，实现利用水化学指标识别水源。研究表明，通过检测矿井水的常规指标即 TDS、Na^++K^+、Ca^{2+}、Mg^{2+}、Cl^-、HCO_3^-、pH 值等，即可实现水源识别，且该方法具有快速、准确、经济的特点。因此当井下有滴水、淋水现象时，可以迅速检测出水的 TDS、Na^++K^+、Ca^{2+}、Mg^{2+}、Cl^-、HCO_3^-、pH 值等指标，代入水源识别模型，识别出水水源，并采取必要的措施降低水害事故的危害甚至避免水害事故的发生，达到矿井水害预警的目的。

矿井水中的常规化学指标检测可以通过电极法和光吸收法联合测量完成。其中，测定化学指标的电极是一种利用膜电位测定溶液中离子活度或浓度的电化学传感器，又称离子电极。该方法使用简便迅速，应用范围广，尤其适用于对碱金属、硝酸根离子等的测定，不受试液颜色、浊度等的影响，特别适于水质连续自动监测和现场分析。

光吸收是电磁辐射和物质之间相互作用的典型现象。当一束光穿过某物质时，其中部分辐射将被原子、分子或晶体格吸收。根据 Lambert—Beer 定律温度一定时，吸光度（A）与溶液浓度（C）、光程（d）成正比，即

$$A = \zeta_\lambda \cdot C \cdot d \quad 或 \quad -\log\left(\frac{I}{IO}\right) = \zeta_\lambda \cdot C \cdot d$$

$$A = -\log\left(\frac{I}{IO}\right)$$

式中　　A——吸光度；

　　　　IO——入射光强度；

　　　　I——吸收后光的强度；

　　　　ζ_λ——在波长 λ 下的摩尔吸光系数，$L/(g \cdot cm)$；

　　　　C——物质的摩尔度，mol/L；

　　　　d——光程，cm。

由上式可知：当入射光波长、溶液种类、溶液温度等因素确定时，ζ_λ 只与物质的性质有关，是物质的特征常数。因此，当其他因子已知的话，可通过吸光度计算出浓度 C。

通过研发一套设备集成电极法和光吸收法，即可实现监测指标 TDS、$Na^+ + K^+$、Ca^{2+}、Mg^{2+}、Cl^-、HCO_3^-、pH 值等的测定。

第二节　矿井水害预警模式及关键技术实现

根据矿井水害预警监测指标的不同，将矿井水害预警模式划分为矿井水害物理预警模式和矿井水害化学预警模式。其中，矿井水害物理预警模式是利用水压、防水煤岩柱厚度等参数代入矿井突水力学判据进行预警的方式；矿井水害化学预警模式是利用矿井水常规化学指标进行水源识别，判断出水水源是否能造成矿井突水，以达到预警的目的。

一、矿井水害物理预警模式及关键技术

1. 现场布置方式

矿井水害物理预警模式监测指标主要有隔水煤岩柱（隔水层）电阻率、微震波、水温、水压、应力应变等物理量，并利用监测指标反演求出水害控制因素

如有效隔水层厚度，有效煤岩柱宽度、矿井水压及采场应力等，然后代入预警准则判断是否有突水警情。为高效采集物理预警监测指标，以底板突水预警为例，按照点与面结合的思路，设计了全面检测与重点监测布置方法，拾取每一指标的动态信息，突破监测布置方式以及信息获取技术，为全面、准确、实时拾取信息提供技术支撑；参数监测布置方式及信息拾取在自行设计的渗流模拟平台（图3-4，图3-5）上进行了实验，效果较好，能满足预警要求。

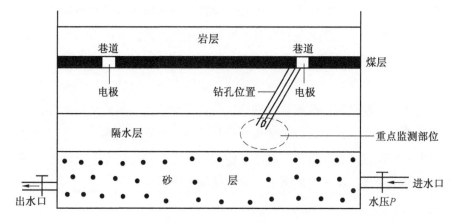

图 3-4 全面监测与重点监测渗流模拟实验平台剖面示意图

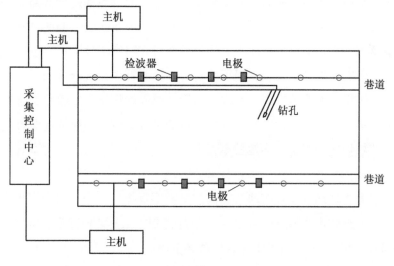

图 3-5 全面检测与重点监测渗流模拟实验平台平面示意图

1）隔水层电阻率、微震波参数动态全面监测方式

该技术基于地球物理理论，通过高密度电法和微震探测方法实时监测目标体的电阻率变化和微震事件发生位置，判断岩层富水性以及破坏区域。在巷道中按一定间隔布置一组测量电极和微震检波器，一条巷道配装一台采集主机，连续采集底板下一定深度隔水层的电阻率信息和微震事件，把数据传到采集控制中心，通过数据的自动处理分析及对比，实时分析电阻率的变化，特别是煤层采前、采中和采后的变化趋势，解译微震事件发生位置，判断隔水层的底板破坏深度、塑性区超前发育距离、承压水是否导升，并和其他监测指标或已有参数联合代入预警准则，判别是否有水害险情发生。

隔水层电阻率参数动态全面监测系统要实现以下主要功能：①智能化，仪器自动对监测岩层电阻率、微震事件进行长期、实时数据采集并分析处理；②分步式，布置多组电极一次完成，布线长度可长可短，不需反复移动；③交流电，采用交流电采集探测。相比目前直流电法探测富水性，其优势在于交流电可消除静电及极化等的干扰，抗干扰能力强，采集数据更为可靠。

2）关键部位单点多参数监测方式

关键部位单点多参数监测是在预警区域内较容易突水的部位布置监测钻孔，埋设相应的水温、水压、应力、应变传感器。这种监测方式是全面监测的一种有效补充，其监测指标可以和全面监测指标联合判断突水险情，同时其本身也可以分析险情是否发生。关键部位单点多参数监测应在对突水危险点充分研究和论证的基础上，确定关键监测位置，尽可能将各类传感器埋设在地应力、采场应力和地下水相互作用的影响范围内。水温、水压传感器应埋设于距离目标强充水水源较近的弱充水水源之中，以监测水源导通渗流情况，应力、应变传感器埋设于对岩体应力波场传导相对敏感的地层单元。

2. 主要关键技术

矿井水害物理预警模式有两个关键技术需要解决，一是如何利用采集的电阻率和微震波求解防水煤岩柱（隔水层）破坏范围，二是如何确定关键监测位置。

1）利用视电阻率反演隔水煤岩柱破坏范围

煤层开采破坏了采场应力平衡，采场围岩产生破坏，形成一定范围的塑性

区，包括顶板导水裂隙带发育带和底板破坏带。塑性区形成以后其电阻率会产生一定的变化，表现为电阻率的升高或降低，如有地下水进入塑性区域，使塑性区处于充水状态，则塑性区域电阻率降低，反之如无地下水进入，塑性区电阻率较完整岩体升高。因此，要为了实现通过隔水层电阻率参数动态全面监测方式反演隔水煤岩柱（隔水层）破坏范围，一定要实时监测隔水层电阻率，分析采前、采中和采后电阻率的变化，在此基础上调查分析塑性区的充水情况，进而确定隔水煤岩柱（隔水层）破坏范围。

为验证利用高密度电法反演求解围岩破坏范围的可行性，以许厂煤矿 11603 工作面为实验对象，研究工作面开采形成的底板破坏深度，该工作面位于 1160 轨道上山东北侧；西北距 11605 工作面运输巷 60 m，东北侧距离 11601 运输巷 60 m，开切眼位于采区边界煤柱线西南侧。四周均为实炭区。工作面标高 -387.1~ -336.3 m，走向长度为 1080 m，倾斜长度为 53 m。该工作面处于上石炭统太原组 $16_上$ 号煤层及其顶底板岩层中，$16_上$ 号煤层呈黑色，条痕为黑褐色，以亮煤为主，暗煤次之，属半亮型煤。内生裂隙发育，充填少量钙质及含黄铁矿结核，分布不均一。该煤层赋存稳定，结构简单，煤厚平均为 1.10 m，局部含夹矸，夹矸多为钙质粉砂岩、炭质砂岩、泥岩或黏土岩，含黄铁矿结核，透镜体、扁豆状形状不规则，分布不均一。总体上沿回采方向煤层起伏变化不大，倾角为 0°~ 11°，平均 3°，预计对回采影响不大。

根据实验目的对下组煤首采工作面进行底板破坏深度监测，采用矿井高密度电法对 11603 工作面回采过程底板破坏深度进行部分段实时监测（图 3-6），根据实测结果，综合分析采掘活动对底板破坏深度的影响及防水煤岩柱参数的确定。

本次监测起始时，11603 工作面已回采 19 m，在运输巷位于回采工作面 30 m 位置时布置电法测线，共布置 48 个电极，间距 1.5 m，共布置测线长度为 72 m。监测有效长度为距开切眼 49~79 m 段（共 30 m）。具体现场工作布置如图 3-7 所示。

依据矿方实际回采速度，设计为每回采 5 m 对目标段进行一轮检测，共整理得到数据 7 组（图 3-8~图 3-14）。

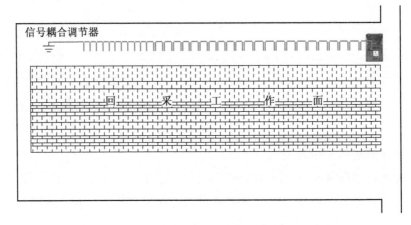

图 3-6 高密度电法实测布线装置图

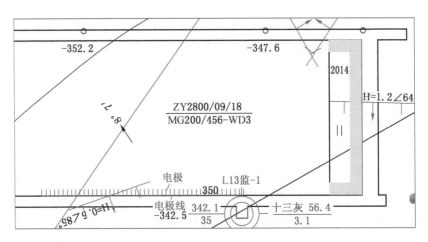

图 3-7 电法现场工程布置图

在回采工作面距离起始监测位置 30 m 时，由于此时工作面开采对监测位置影响较小，因此此时底板视电阻率基本上能够反映初始状态下的视电阻率。由图 3-8 可知，此时煤层底板顶部视电阻率较低，说明具有一定的富水性。随着工作面的推进，采场应力重新分布，目标区域应力逐渐增加，底板孔隙减小，其赋存的水被挤出，视电阻率有增大的趋势（图 3-9~图 3-12），当工作面推进至起始监测位置时，由于采动底板塑性区超前发育，在工作面前方 7 m 范围内出现低阻

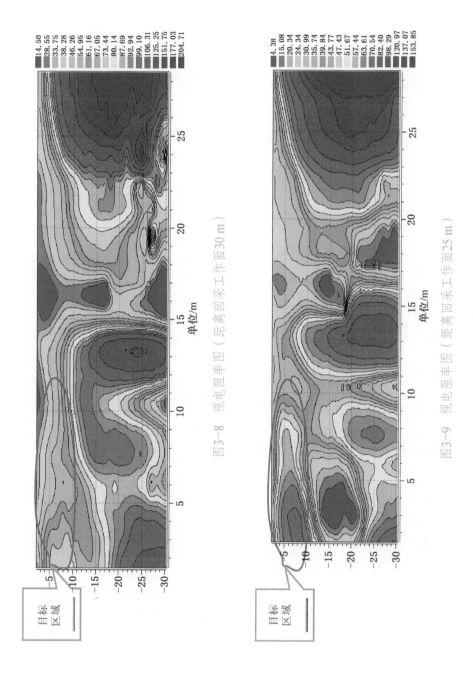

图3-8　视电阻率图（距离回采工作面30 m）

图3-9　视电阻率图（距离回采工作面25 m）

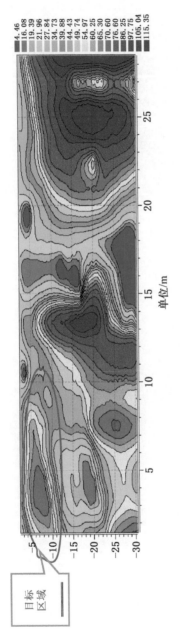

图3-10 视电阻率图（距离回采工作面20 m）

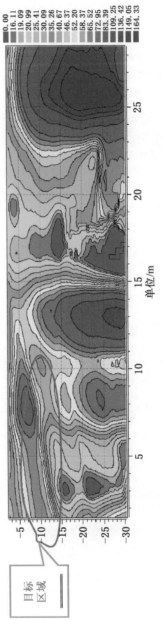

图3-11 视电阻率图（距离回采工作面15 m）

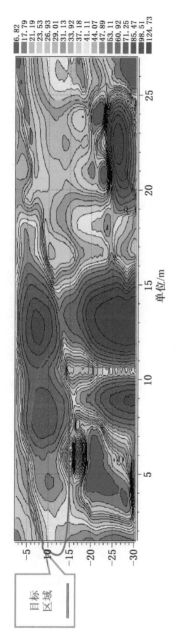

图3-12 视电阻率图（距离回采工作面10 m）

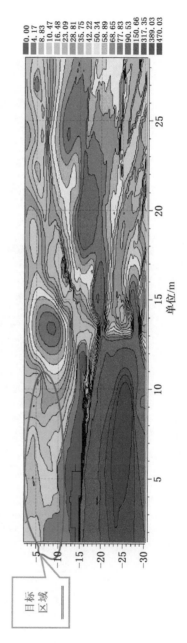

图3-13 视电阻率图（距离回采工作面0 m）

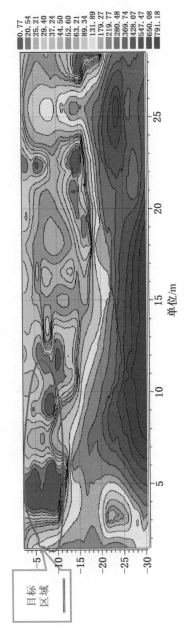

图3-14 视电阻率图（距离回采工作面-5 m）

区域。因为底板出现塑性破坏，裂隙增多，地下水开始富集，引起视电阻率降低，表明工作底板塑性区超前发育的距离约为 7 m（图 3-13）。随着工作面推过起始监测位置 5 m 时，在垂向上 13 m 范围内出现低阻区域，在平面上工作面前方 7 m 也出现低阻区域，表明这些区域由于采动影响，产生塑性裂隙，地下水富集，引起视电阻率降低，进而可以判断该工作面开采引起的底板破坏深度为 13 m 左右，塑性区超前发育距离为 7 m 左右，这与其他研究方法得出的结果相近。实验结果表明通过监测工作面采前、采中和采后围岩视电阻率的变化可以反演得出塑性区范围。

2）利用微震监测求解隔水煤岩柱破坏范围

煤层开采后，顶底板的岩石由于应力改变，从而形成变形破裂产生微震波。各个检波器根据监测的微震波，利用定位原理，实时求解出微震空间位置，进而得出隔水煤岩柱破坏范围，具体步骤如下：

第一步，布设微震传感器。将两组微震传感器分别布置在煤矿工作面的轨道巷和回风巷的待监测煤矿围岩中。

第二步，依次确定滤波、微震事件定位以及震源参数。微震数据采集监测分站通过光纤与设置在地面上的存储服务器连接，实时将监测到的波形数据传到地面的存储服务器进行滤波、微震事件判定、微震事件定位以及震源参数的确定。

第三步，确定待监测煤矿底板微震事件数目及能量沿深度的分布曲线。根据微震事件的时空分布定位和微震事件的能量大小，得到待监测煤矿隔水煤岩柱微震事件数目及能量沿深度的分布曲线。

第四步，确定隔水煤岩柱破坏深度。根据待检测煤矿底板微震事件数目及能量沿深度的分布曲线，确定待监测煤矿隔水煤岩柱最大微震事件数空间范围，即为隔水煤岩柱破坏范围。

3）关键监测位置的确定方法

关键监测位置的确定实际上就是找出监测范围内比较容易突水的位置。矿井突水是一个多因素、非线性、空间问题，预测突水点位置难度较大，往往会出现监测位置和实际突水位置不同，由于没有监测到突水发生的前兆信息而致使预警失败，因此确定关键监测位置至关重要。为此，采用了 GIS 和 BP 人工神经网络耦合技术对研究区进行突水危险性进行评价，找出突水危险性较大的地方即为关键监测位置。

（1）评价指标的确定及定量方法。水源和通道是主要的矿井突水要素，因此评价某个区域的突水危险性应从这两个方面出发。其中与充水水源相关的指标主要有水源水压、有效防隔水煤岩柱、水源水量，与导水通道有关的主要有断层、封闭不良钻孔、陷落柱等，因此建立突水危险性评价指标体系如图3-15所示。

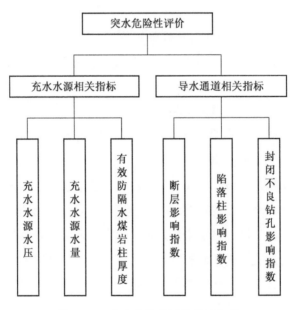

图 3-15　突水危险性评价指标体系

充水水源水压。水压是突水危险性评价的一个重要指标，水压越大突水危险性就越大，为安全生产所需要的有效隔水煤岩柱厚度也就越大，因此两者有一定的联系。水压的确定需要现场测定，通常对于某一水源布置一个水文观测孔，记录该孔的水位，然后通过简单的换算就可以求出该孔周边某一点的水压。

充水水源水量。水量也是造成突水事故的一个重要因素，如某一水源压力较大，但水量不丰富，即使采煤时该水源的水进入工作面也不能引发突水事故，因此充水水源的水量也非常重要。对于老空区可以通过老空区积水量预测的办法得出其水源水量。对于含水层某一位置的水量可以通过附近水文孔孔揭露的单位涌水量来预计，或者通过多个本含水层水文孔的单位涌水量进行插值获得。如果缺乏水文孔，还可以通过本区钻孔的浆液漏失量估计。

有效防隔水煤岩柱厚度。有效防隔水煤岩柱是指工作面与水源之间完整的煤岩体，或者煤岩体含有天然裂隙等构造，但这些构造不含水不导水。对于顶底板水源，有效防隔水煤岩柱厚度可以通过钻孔揭露数据减去顶板导水裂隙带发育高度或底板破坏深度来取值。对于工作面前方的水源，有效隔水煤岩柱厚度可以通过迎头距离水源的距离减去工作面开采塑性区超前发育距离求得。如果有效防隔水煤岩柱内部含有裂隙，应根据现场调研，将计算结果乘以一个小于1的系数。

断层影响指数。这里的断层是指导水断层或者在采动影响下有可能活化导水的断层。监测区域内距离断层越近的位置突水性就越大，令监测区域内某一点距离断层的距离为 d，安全煤岩柱长度 L，有：

$$L = 0.5KM\sqrt{\frac{3P}{K_{\mathrm{P}}}} \geqslant 20 \qquad\qquad (3-1)$$

符号意义见式（2-18）。

某一点的断层影响指数为

$$K = \begin{cases} 0 & d \geqslant L \\ \dfrac{L-d}{L} & 0 \leqslant d < L \end{cases} \qquad\qquad (3-2)$$

式（3-2）表明断层影响指数 K 的取值范围为 $[0,1]$，其值越大突水危险性就越高。

陷落柱影响指数。它和断层影响指数相似，令某点距陷落柱边界的距离为 d，安全煤岩柱长度 L 为

$$L = R - a + l \qquad\qquad (3-3)$$

其中，R 为陷落柱在水压的作用下形成的塑性半径，a 为陷落柱半径，l 为工作面开采塑性区超前发育距离。在实际工作中，如果陷落柱外形不是近圆形，可以通过式（3-1）计算 L。陷落柱影响指数按式（3-2）进行计算。

封闭不良钻孔影响指数。令某点距封闭不良钻孔的距离为 d，安全煤岩柱长

度 L 为

$$L = l_r + r_a \left(\sqrt[A]{\frac{p\tan\varphi + c}{c}} - 1 \right) \qquad (3-4)$$

符号意义见第二章，则封闭不良钻孔影响指数可以通过式（3-1）进行计算。

（2）关键监测位置的确定方法及实现。关键监测位置只针对顶底板监测，而超前监测不涉及关键监测位置，现以底板监测为例研究关键监测位置的确定方法。由于矿井突水的非线性及空间特性，因此利用组件 GIS 强大的空间分析功能与人工神经网络非线性特征，研发了基于 GIS 与 ANN 耦合的矿井水害预警辅助系统，该系统实现了关键监测位置确定以矿井水源识别动态库的建立。

根据数据流向，从两个方面进行系统开发，一是利用 MapObjicts 组件显示空间地图数据、对地图空间据进行交互查询以及相关的空间分析。二是利用 ADO 控件访问矿井灾害预警辅助系统中的各种属性数据，系统的开发结构如图 3-16 所示。

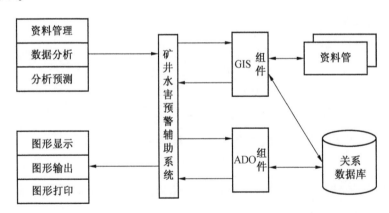

图 3-16　矿井水害预警辅助系统开发结构

矿井水害预警辅助系统根据其功能分为六个子系统：地图控制子系统、地图显示输出子系统、地图辅助工具子系统、数据库管理子系统、信息检索子系统、预测分析子系统，如图 3-17 所示。地图控制子系统主要实现新建图层、添加图层、删除图层、隐藏图层、显示图层、位图配准等功能。地图显示输出子系统主要实现地图的放大缩小，地图漫游，单一色图层显示，分类显示，把各种格式的图形输出为 BMP 格式的位图，以及地图窗口中的图形打印等功能。地图辅助工具子系统主要实现图元选择，提供用点、矩形、多边形以及圆选择图元，取消选择、查看属性、距离测量、面积测量、坐标转换等功能。数据库管理子系统主要实现用户添加、用户删除、用户编辑、用户登录、矿井资料添加、矿井资料删除、矿井资料编辑等功能。分析预测子系统实现建立评价预测指标、多源信息叠加、信息要素空间分析、建立预测模型、突水危险性预测、水源识别动态库建立等功能。信息检索子系统主要实现矿井属性信息和空间信息交互查询等功能。系统开发主界面如图 3-18 所示，界面包括菜单栏、工具栏、地图显示窗口、输入输出控制窗口（地图管理器）、缩略图（鹰眼窗口）、状态栏等六个部分。主界面分为左右两部分，右边为地图显示窗口，左边上部为地图管理器，左边下部为鹰眼窗口。地图显示窗口负责显示地图，地图显示窗口中可以同时显示多张地图，显示在上边的地图会遮挡显示在下面的地图，地图管理器负责控制地图显示窗口中地图的显示顺序以及是否显示，以及选中活动图层。

　　由于空间数据非结构化、不定长的特性，且水害预测评价需要利用空间数据和属性数据，因此系统的文件采用的是 Shape 文件，该文件类型是 ESRI 提供的一种矢量空间数据格式，由一系列文件组成，其中必要的基本文件包括坐标文件

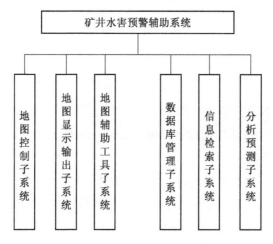

图 3-17　矿井水害预警辅助系统体系结构

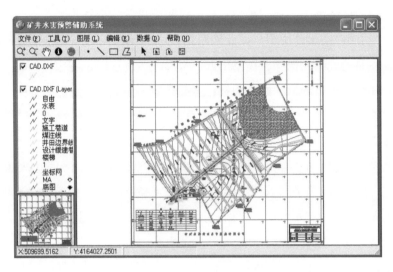

图 3-18　矿井水害预警辅助系统界面

（.shp）、索引文件（.shx）和属性件（.dbf），其中.shp 文件中存储各个图元的空间位置，.dbf 文件中存储各个图元的属性信息，.shx 文件建立.shp 文件中各个图元和.dbf 文件中相应各个图元的属性信息的关联。因此利用 shape 文件可以实现实现了空间数据和属性数据的统一管理。

　　Shape 文件的类型有点、线和面文件，根据关键监测位置确定需要设计了 6 种 shape 文件：评价点文件、钻孔文件、断层文件、陷落柱文件、封闭不良钻孔文件和监测区域文件，其中评价点文件、钻孔文件、封闭不良钻孔文件为点文件，断层文件为线文件，陷落柱文件和监测区域文件为面文件。评价点.dbf 文件含有 7 个字段：危险性指数（WXZS）、水压指数（SYZS）、有效隔水煤岩柱厚度（GSMYHD）、水量指数（SLZS）、断层影响指数（DCZS）、陷落柱影响指数（XLZZS）、封闭不良钻孔影响指数（BLZKZS），其 dBASE 表结构见表 3-1。钻孔.dbf 文件含有 3 个字段：水压指数（SYZS）、有效隔水煤岩柱厚度（GSMYHD）、水量指数（SLZS），字段类型均为双精度，断层、陷落柱和封闭不良钻孔.dbf 文件均只有 1 个字段：安全煤岩柱长度（L），为双精度。监测区域文件.dbf 文件含有一个字段：备注（BZ），为字符串型。

表 3-1　评价点 dBASE 表结构

字段名称	WXZS	SYZS	GSMYHD	SLZS	DCZS	XLZZS	BLZKZS
字段类型	双精度	双精度	双精度	双精度	双精度	双精度	双精度

（3）关键监测位置的确定步骤。

①基础数据准备。利用系统提供的新建 shape 文件对话框（图 3-19）分别建立评价点文件、钻孔文件、断层文件、陷落柱文件、封闭不良钻孔文件和监测区域文件 6 种空文件，并导入系统。

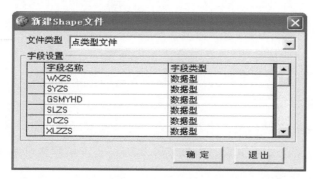

图 3-19　新建 shape 文件对话框

钻孔文件数据生成方法：利用监测区内部或周边的钻孔数据生成钻孔文件，由于钻孔文件为点类型的文件，因此钻孔文件的图元为点，利用每个钻孔柱状图的 x、y 坐标生成一个成钻孔文件中的点，点的属性由属性编辑对话框生成，如图 3-20 所示。

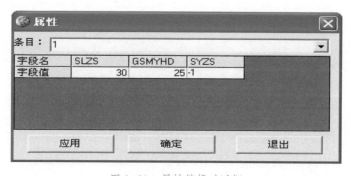

图 3-20　属性编辑对话框

其中点的有效隔水煤岩柱厚度（GSMYHD）由生成该点的钻孔柱状图中的隔水层厚度减去煤层底板破坏深度得到。如果该钻孔进行了水源水压测试，则将该水压写入点的水压属性中，如果没有进行水压测试，则水压属性写入–1，水量指数可以根据现场数据情况写入单位涌水量或者浆液漏失量，来反映含水层的水量即富水性。

断层文件：断层文件为线类型文件，每条断层在系统中根据现场揭露数据将矢量化为一条线，其属性数据安全煤岩柱长度根据断层内水压、煤层厚度以及煤层有关参数通过式（3-1）计算得到，然后利用属性编辑对话框写入该断层的L字段中。

陷落柱文件：该文件类型为面文件，根据现场揭露在系统中将每个陷落柱矢量化为一个多边形的面，如果该陷落柱是近圆形的，其属性数据安全煤岩柱长度，根据式（3-3）计算得到，如果非近圆形，则根据式（3-1）计算得到。然后利用属性编辑将每个陷落柱的计算结果写入对应的L字段中。

封闭不良钻孔文件：该文件类型为点文件，根据每个封闭不良钻孔的坐标在系统中矢量化为一个点，其属性数据安全煤岩柱长度根据式（3-4）计算得到，并写入对应的L字段中。

监测区域文件：该文件类型为面文件，根据监测区域拐点将其矢量化为一个面，其属性为备注，可以根据需要写入一些说明的信息。

基础数据准备以后统一导入系统，如图3-21所示。

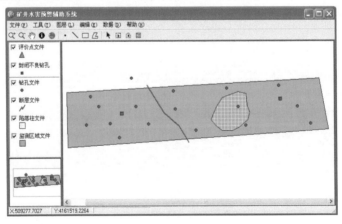

图3-21　基础资料导入系统界面

②评价指标的统计。利用 GIS 组件空间分析技术，在评价点文件中以监测区域为边界每隔一定距离（如 10 m）生成评价点，如图 3-22 所示。

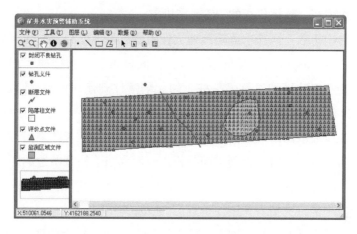

图 3-22　评价点生成效果

充水水源相关指标统计：评价点与充水水源相关指标有水压、有效隔水煤岩柱厚度、水量指数三个指标，这三个指标属于连续性指标，对于每个评价点的这三个指标，系统依据该点的坐标利用克里格插值方法，对钻孔文件中各个钻孔的相应属性进行插值，得到该点的三个评价指标，并写入该评价点的相应的字段中。

封闭不良钻孔影响指数：系统通过遍历封闭不良钻孔文件中所有封闭不良钻孔的安全煤岩柱长度，求出最大值，记为 Max_L。对于每个评价点，以 Max_L 为半径，生成一个圆形的缓冲区，然后利用 GIS 组件空间分析功能，分析选择该缓冲区内部的封闭不良钻孔，如果缓冲区内部无封闭不良钻孔，则该指数赋值为 0，否则计算该评价点与选中的每个封闭不良钻孔之间的距离 d，并提取该封闭不良钻孔的 L 字段的属性信息，代入式（3-2）求解封闭不良钻孔影响指数，取其中的最大值写入该评价点的 BLZKZS 字段中。

断层影响指数：系统遍历断层文件中所有断层的 L 属性，求出最大值，记为 Max_L，对于每个评价点，以 Max_L 为半径，生成一个圆形的缓冲区，然后利用 GIS 组件空间分析功能，分析选中和该缓冲区相交或在该缓冲区内部的断层，如无断层则该评价点 DCZS 记为 0，否则空间分析该评价点与选中的每条断层之间的距离 d，并提取断层的 L 字段的属性信息，代入式（3-2）求解断层影响指数，取其中的最大值写入该评价点的 DCZS 字段中。

陷落柱影响指数：同理求解陷落柱文件中所有陷落柱的 Max_L，对于每个评价点同理生成以 Max_L 为半径的缓冲区，空间分析选中和缓冲区相交、在缓冲区内部和含有本缓冲区的所有陷落柱，如无陷落柱则该评价点 XLZZS 字段值记为 0，如有含有本缓冲区的陷落柱，则 XLZZS 字段值记为 1。对于所选中的和缓冲区相交、在缓冲区内部的陷落柱，首先分析该统计点是否在陷落柱内部，如果是则 XLZZS 字段值记为 1，否则空间分析该点距离陷落柱每条边的距离，取其最小值记为 d，并提取陷落柱的 L 字段的属性信息，代入式（3-2）求解陷落柱影响指数，取其中的最大值写入该评价点的 XLZZS 字段中。

③评价模型设计及实现。突水危险性评价是一个非线性问题，为此设计了 3 层 BP 人工神经网络模型（图 3-23）。

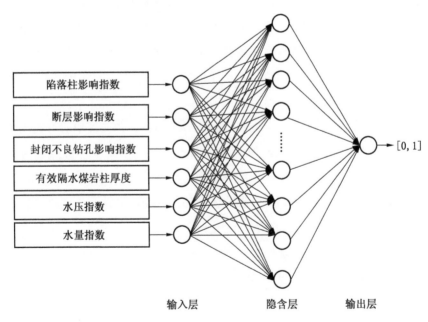

图 3-23　突水危险性评价 BP 人工神经网络模型

系统利用 Matlab 混合编程技术，实现了突水危险性评价 BP 人工神经网络模型，如图 3-24 所示。

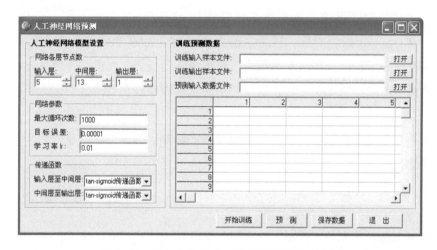

图 3-24　突水危险性人工神经网络预测对话框

利用评价模型对每个评价点的突水危险性进行评价，计算每个评价点的危险性指数，然后做等值线，即圈定关键监测点位置。

为验证系统的实用性和准确性，以许厂煤矿首采区 1160 为实验对象，对系统进行了测试，首采区 1160 采区位于-400 m 水平东部（浅部），面积约 1.63 km²，所处块段为一相对独立水文地质单元，研究表明首采区开采受奥灰水影响严重，利用系统对首采区底板奥灰突水危险性进行评价，评价结果和现场揭露相符。评价结果图中显示的红色区域即为最容易引发突水的位置，也是所求的关键监测位置。

二、矿井水害化学预警模式及关键技术

1. 矿井水害化学预警模式总体思路

矿井不同充水水源的水质由于形成赋存条件、氧化—还原环境、地下水径流等的不同而存在差异，这种差异可用数学模型表达，从而实现矿井充水水源的识别。矿井水害化学预警模式就是基于这种思想而提出的，该预警模式首先分析矿井充水水源水化学特征，然后依据水化学特征，从矿井水质台账提取或者现场实测，为每种充水水源建立标准的水源样本，每种水源要求有 5 个以上的标准水样，组建标准水源样品库。在矿井生产过程，井下配置一台水源识别设备，当井下有出水现象时，迅速监测出水水化学指标 TDS、Na^++K^+、Ca^{2+}、Mg^{2+}、Cl^-、SO_4^{2-}、HCO_3^-、pH 值等指标，利用水源识别模型和标准水源样品库进行对比分析，实现水源识别，如果出水水源为强充水水源则报警，为矿井制订可行的防治水措施提供依据，减小矿井水害损失甚至避免水害事故发生。

2. 主要关键技术

矿井水害化学预警模式有两个关键技术：标准水源识别库的建立和水源识别算法设计，这是两个技术直接决定了矿井水源识别是否准确，也就决定了矿井水害化学预警是否可信。

1）动态构建标准水源样品库的方法

标准水源样品库的构建是矿井水源识别的关键，利用 GIS 组件的空间分析功能，在建立标准水源样品库时，可以把所有对水质产生影响的因素考虑在内，从而可以分地区建立各地区出水点的标准水源样品库，以此提高水源识别的准确度。基于此矿井水害预警辅助系统实现了动态构建标准水源样品库，并以兴隆庄煤矿下组煤水源样品库为实验对象，对系统进行了测试。

矿井水害预警辅助系统利用 GIS 组件将兴隆庄煤矿井的褶皱和断层等地质因素以及采掘工程平面图等空间信息存储于 Auto CAD 图中，将矿上所有下组煤已知水源（十$_下$灰水、十四灰水、奥灰水）的水样采样点存于 shape 图中，其中采样点的空间信息存放于主文件（.shp 文件）中，水样水质存放于 dBASE 表（.dbf）中，并利用索引文件（.shx）实现两者的关联，水质 dBASE 表结构见表 3-2。

表 3-2 水样水质 dBASE 表结构

字段名称	水源	TDS	Na^++K^+	Ca^{2+}	Mg^{2+}	Cl^-	SO_4^{2-}	HCO_3^-
字段类型	字符	双精度	双精度	双精度	双精度	双精度	双精度	双精度

将建立 Auto CAD 图和水样采样点 shape 图导入矿井水害预警辅助系统图层中，利用 GIS 组件图形叠和显示功能，将两种图形叠加，形成了采掘工程、地质构造、水样采集点等信息的空间复合，如图 3-25 所示。

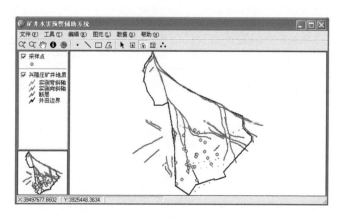

图 3-25 下组煤水源水样采样点分布图

现以兴隆庄煤矿 496 水样采集点（图 3-26 中三角形位置）水源识别为例说明系统动态构建库的过程，首先分析该采集点位于下组煤各充水水源补给区，紧邻铺子支二断层，该断层为一正断层，落差为 0~28 m，断层面倾角为 75°~80°，根据以往揭露铺子支二断层的情况，该断层不含水不导水，所以下组煤充水水源在该处不会产生水力联系，水质应相互独立，同时断层附近裂隙较发育、地下水动力条件好且位于补给区，因此 496 水样采集点的 TDS 和其他区域同种水源相比应该较低，因此在基于 Map Objects 动态建立用于识别 496 水样水源的标准样品库时应充分考虑以上因素，选择距离 496 水样较近，位于补给区和铺子支二断层走向沿线附近的水样构建标准水源样品库。利用系统的 Track Polygon 和 Record-set. add New 等功能，在叠加图中生成一个任意形状的多边形，该多边形应覆盖 496 水样采样点和符合以上分析的已知水源的水样采集点（图 3-26），再利用系统空间分析 Search Shape 功能，判断点与多边形的空间位置关系，将多边形内部的采集点选中，以另外一种颜色显示（图 3-26）。

利用系统的图元属性查询功能，把选中的水样的各种属性显示出来，如图3-27 所示。

利用导出所有记录功能，把选中水样的水质以及采样属性导入到 Excel 表中，整理出必要的信息建立 496 水样的动态水源样品库，见表 3-3。

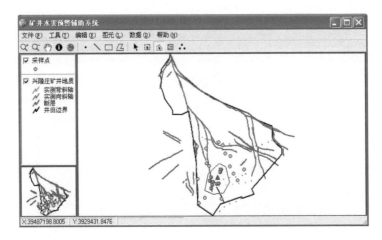

图 3-26　标准水源样品库水样分布图

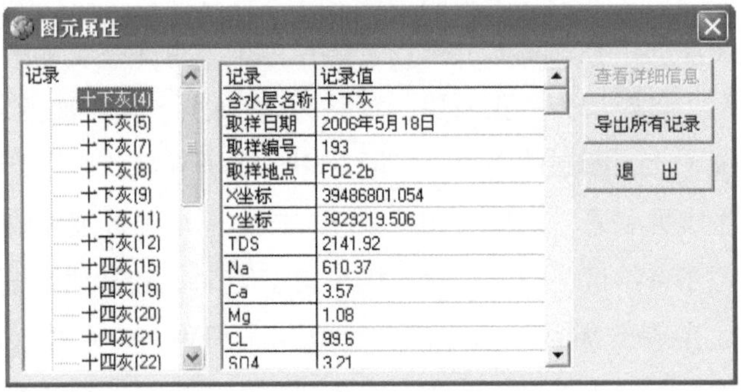

图 3-27　图元属性界面

表 3-3　选中水样水源样品库及回代检验结果　　　　　　　mg/L

序号	水源	TDS	$Na^+ + K^+$	Ca^{2+}	Mg^{2+}	Cl^-	SO_4^{2-}	HCO_3^-	回代检验
1		769.15	46.71	130.14	36.60	138.67	59.27	571.21	十下灰
2		2141.92	610.37	3.57	1.08	99.60	3.21	1408.67	十下灰
3	十下	1471.55	592.78	6.43	4.62	101.64	19.35	1286.91	十下灰
4	灰	1435.34	561.34	6.83	2.92	76.54	17.29	1312.97	十下灰
5	水	1466.83	599.36	2.42	1.96	101.56	8.23	1293.75	十下灰
6		1406.82	433.83	88.40	30.61	85.36	392.25	929.21	十下灰
7		2020.42	600.00	6.99	1.75	97.62	18.73	1201.58	十下灰
8		2103.39	625.00	4016.00	1.77	108.88	11.96	1266.66	十下灰

表 3-3(续)　　　　　　　　　　　　　　　　mg/L

序号	水源	TDS	$Na^+ + K^+$	Ca^{2+}	Mg^{2+}	Cl^-	SO_4^{2-}	HCO_3^-	回代检验
9	十四灰水	1332.34	336.05	20.48	12.18	73.84	43.63	834.20	十四灰
10		1097.30	315.09	8.60	9.65	67.04	7.22	625.57	十四灰
11		971.32	181.93	65.38	25.30	77.51	98.91	508.92	十四灰
12		1353.78	350.60	22.97	9.12	75.22	33.03	846.55	十四灰
13		838.65	160.93	1.55	34.75	70.33	340.48	148.12	十四灰
14	奥灰水	2016.05	62.34	378.91	99.20	58.19	1131.44	248.82	奥灰
15		1971.25	63.82	368.55	100.45	44.47	1121.52	240.11	奥灰
16		1895.32	76.20	350.70	80.01	30.31	1102.26	240.85	奥灰
17		2046.11	79.56	375.55	97.77	46.37	1191.99	237.25	奥灰
18		2028.05	79.74	365.85	97.72	48.14	1159.07	262.39	奥灰
19		1986.61	54.66	371.17	108.08	42.62	1178.61	212.38	奥灰
20		2030.64	135.15	333.73	88.46	49.84	1159.07	262.57	奥灰
21		2047.53	66.19	378.62	101.43	49.84	1188.70	245.18	奥灰
22		2053.00	65.18	384.23	99.82	48.53	1196.11	243.04	奥灰
23		1950.91	116.17	342.26	91.10	54.81	1070.16	355.99	奥灰
24		1960.94	62.26	327.41	121.78	47.07	1165.56	208.34	奥灰
25		4468.35	58.85	373.36	107.99	43.27	1201.02	241.00	奥灰
26		1400.86	16.11	217.57	109.74	48.65	906.92	45.16	奥灰

　　为检验动态标准样品库的质量，利用本系统提供的判别分析模型，对 496 水样的动态水源样品库进行检验，将表 3-3 动态标准水源样品库导入矿井充水水源判别分析界面（图 3-28），利用判别分析功能（图 3-29）可以求出下组煤开采

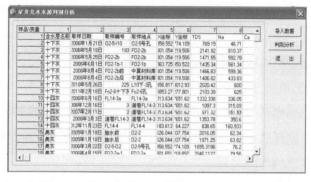

图 3-28　矿井充水水源判别分析界面

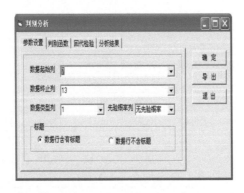

图 3-29　判别分析对话框

充水水源判别函数，十下灰、十四灰和奥灰含水层水源识别判别函数分别为：

$$f_{+下} = -181.46 - 0.0035x_1 + 0.182x_2 - 0.0072x_3 + 0.9483x_4 +$$
$$2.0275x_5 + 0.0826x_6 + 0.0494x_7$$

$$f_{+四} = -87.06 - 0.0014x_1 + 0.1427x_2 - 0.0059x_3 + 0.6887x_4 +$$
$$1.437x_5 + 0.054x_6 + 0.0210x_7$$

$$f_{奥} = -196.22 - 0.0042x_1 + 0.0899x_2 - 0.0021x_3 + 1.540x_4 +$$
$$1.223x_5 + 0.1398x_6 + 0.0969x_7$$

其中 $x_1 \sim x_7$ 分别代表 TDS、$Na^+ + K^+$、Ca^{2+}、Mg^{2+}、Cl^-、SO_4^{2-} 和 HCO_3^-，利用所求判别函数对各水源进行回代检验，其结果见表3-3。从表3-3可以看出26个下组煤水源样本中，回代全部正确，回代准确率为100%（原来将全部水样作为标准样品库的回代准确率为95.8%），提高了水源识别精度。因此当水下有出水现象，在识别该出水点的水源时，利用本系统选择该出水点周围且采样时间较晚的水样组建动态标准水源样品库，可以提高识别精度。

2）水源识别模型及算法设计

矿井水源识别模型很多，且不同的识别模型分别具有各自的特点及其特殊的使用条件，所以选择适合矿井生产实际且识别精度高的模型并设计合理的算法，是提高水源识别准确率的关键。

（1）矿井水源识别模型对比及选择。选择水源识别模型的依据有两条，一是要考虑矿井生产需求，目前矿井都有水质台账，但每种水源采样不多，且采集水样并进行水质化验要花费较多的时间，这就要求所选择的模型不能要求太多的已知水源的水样，且矿井地质工作人员对水源识别模型了解不多，因此要求所选模型的识别结果简单明了；二是所选择的模型识别能力强，判断精度高。通过VB 6.0、VC 6.0 以及 MATLAB 6.5 建立分析了以下数学模型：人工神经网络模型、聚类分析模型、模糊综合评判模型、贝叶斯判别分析模型、灰色关联度模型等。

人工神经网络模型具有良好的自适应性、自组织性和很强的学习、联想、容错及抗干扰能力，在判别这类具有模型性的问题上有明显的优势，但是训练人工神经网络需要大量的已知水源类型的样本，且不容易收敛。如果训练样本不够，则识别精度较差，不适合作为矿井充水水源快速识别仪的识别模型。

聚类分析模型多用于事先不知道事物的类型而对事物进行分类的研究中，经过分析实现对水样水源的识别，方法是把未知水源的水样和已知水源的多个水样放在一起进行聚类，如未知水源的水样和某一水源的水样相似系数大或距离较短，则表明未知水样属于该水源。聚类分析的相似性度量有多种，如相似系数、相关系数、距离函数、误差（距离）平方和增量等，同一问题如果选择的相似性度量不同，分类结果有可能不一致，即结果存在多解性，且其最终结果是以谱系图给出，选择不同大小的相似性度量对谱系图截切所得的分类结果也不一致，这也要求用户需要具有一定的聚类分析知识，因此该模型也不适合作为水源自动识别仪的识别模型。

模糊综合评判模型是对受多种因素影响的事物做出全面评价的一种十分有效的多因素决策方法，其特点是评价结果不是绝对地肯定或否定，而是以一个模糊集合来表示。在做模糊综合评价时最重要的是确定隶属函数和权重集，不同地区同一含水层由于其水动力条件、氧化—还原环境及酸碱度等的不同，其隶属函数也不同，另外权重的确定也具有较大的主观性，不同专家给出的权重集也不相同，因此对于不同的矿区建立的隶属函数和权重都不相同，同时建立有效的隶属函数和权重难度较高，因此该模型不适合作为矿井充水水源自动识别模型。

贝叶斯判别模型的显著特点就是在保证决策风险尽可能小的情况下，尽量应用所有可能的信息，不仅包括样本信息，还包括现场实验之前的信息。作为一种数据融合方法，贝叶斯方法可以用于小子样试验分析，且贝叶斯判别模型是依据判别值的大小决定样本的归属，并能给出后验概率，比较直观形象，很适合煤矿水样少的小子样分析。同时近年来发展起来的逐步贝叶斯判别分析能够自动筛选特征指标，这也非常有利于建立高效的水源识别的判别函数。因为地下水部分离子是不能作为区分水源的标志的，如果全部用来建立判别函数会使判别函数的识别能力降低。基于贝叶斯判别模型的以上优点，选择其作为矿井充水水源识别模型。

灰色系统理论可以根据复杂系统的行为特征数据，找因素之间或因素本身的规律关系，灰色系统理论正成为认识和改造客观系统的一个新型理论工具。因为灰色系统是多因素的、关联的、整体的、复杂的，能够找出地下水各种指标间的密切程度，并趋于定量化，排除人为干预因素，且灰色关联分析对数据的多少和分布形式没有严格的要求，也非常适合小子样分析。因此，选用灰色关联度模型作为矿井充水水源快速识别仪的辅助识别模型。

（2）矿井水源识别算法设计。本文设计的矿井水源识别算法是建立在贝叶斯逐步判别分析和灰色关联度分析的基础上的，识别步骤如下：

第一步，对单水源进行识别。所谓单水源是指矿井充水水源只有一个，此时关联度设定值定为0.8，如果待判水样和某水样关联度大于或等于0.8，则认为待判水样和该水样同属一种水源（设为A水源）。然后再利贝叶斯判别，如果判定结果也为A水源，则说明两者判定结果一致，此时用一关联度变量记录该关联度和水源类型，然后进入多水源判别过程。因为充水水源有可能是两种或两种以上的水源，如果其中一种水源占绝对优势，则单水源识别的结果就是占优势的水源。如果灰色关联度和贝叶斯判别的结果不一致，则该关联度变量清零，同时进入多水源识别。

第二步，构建多水源样品库。本算法支持2种水源和3种水源混合的识别，首先取单水源识别中关联度前2名的水源，以各种比例混合组成新的2种水源混合库，然后再取单水源识别中关联度前3名的水源，以各种比例混合组成新的3种水源混合库，最后把2种水源混合库和3种水源混合库组成一个新的多水源混合库。

第三步，对多水源混合库进行识别。此时关联度设定值定为 0.8，如果待判水样和某混合水样关联度大于或等于 0.8，则认为待判水样水源和混合水样的水源一致，然后再利用贝叶斯判别，如果判定结果一致，用另外一关联度变量记录该关联度和混合水源类型，否则的话则该关联度变量清零。然后进入关联度比较，此时有三种情况出现，第一种是混合类型关联度较大，则认为待判水样是由几种水源混合而成，并输出水源名称及大致比例；第二种是单水源类型关联度大，此时认为待判水样水源为一种，并输出该水源名称；第三种是两者的关联度都比较小（如都为 0），则认为水源库中没有该水样的水源，则输出未知水源类型。

第三节　矿井水害预警准则探讨

矿井水害预警准则就是设置适当的预警阈值（即临界值），当矿井有突水征兆时进行预警。由于矿井突水是地下水、矿山压力、地应力等相互作用的复杂的力学问题，因此目前还没有合适的预警准则。本文利用前面研究的力学判据及矿井水源识别技术及算法，分别制订了矿井水害物理预警准则和矿井水害化学预警准则，可以为矿井水害防治提供一定的技术支撑。

一、矿井水害物理预警准则

物理预警准则可以根据突水现象及突水机理判据，设置成定性预警准则和定量预警准则两种预警准则。

1. 定性物理预警准则

矿井突水是在煤层开采过程中，由于受采掘扰动的影响，煤层及周围岩体的应力平衡状态遭到破坏，隔水岩体在水与外力共同作用下发生变形，以致局部发生失稳破坏而产生集中突水通道的过程。因此矿井突水有一个从孕育、发展到突发的由量变到质变的转变过程，并伴有围岩应力、应变、水温、水压改变以及围岩物性电阻率变化。一般地，当岩体破坏时其应力会突然降低，或者应变不断增加，或者监测点水温、水压变化，或者接近目标充水水源的隔水层电阻率降低。

本文在水害事故调研及前人研究的基础上，制订了以下预警准则：

（1）当工作面推进至监测位置，传感器应力值不断上升，在上升的过程中如果出现突然降低，表明监测位置岩石产生塑性断裂，有突水危险，需发布警情。

（2）在岩体失稳前的亚临界阶段应变会急剧增大，当监测应变传感器监测应变急剧变大时，表明岩石即将产生塑性破坏，有突水危险，需发布警情。

（3）监测点水温水压产生变化，并逐渐接近目标水源的水温水压则说明目标水源已经导通至监测位置，存在突水危险，需发布警情。

（4）接近目标充水水源的隔水层电阻率降低，且范围逐渐增加，则表明目标水源逐渐向采煤工作面渗流，有突水危险，需发布警情。

（5）断层、陷落柱、封闭不良钻孔等导水通道视电阻率持续降低，降低区域向工作面或目标含水层扩展，则表明在采动影响下目标含水层的水沿着导水通道向工作面渗流，需要发布警情。

上述 5 条预警准则在突水监测预警实践中，应结合具体的情况，并参照工作面突水前兆信息（如片帮、挂汗、气温异常变化、底鼓等）灵活地加以应用。

2. 定量物理预警准则

定量预警准则主要是通过对隔水煤岩柱电阻率或微震波实时监测，并反演得出采动影响对隔水煤岩柱的破坏范围，在此基础上求出有效隔水煤岩柱厚度，然后利用突水判据计算得出是否有突水危险性。

设理论或判据计算得出的有效厚度记为 L_v，利用电阻率监测反演得出的工作面开采顶板破坏高度（或底板破坏深度，或塑性破坏区超前发育距离）为 L_p，工作面距离充水水源或导水通道的实际距离为 L_a，则监测有效隔水厚度为 $L_a - L_p$，根据监测有效隔水厚度（$L_a - L_p$）与理论或判据有效厚度（L_v）的关系，将预警等级划分为蓝色预警、黄色预警和红色预警，预警准则及等级如下：

$$
\begin{cases}
1.7L_v \leqslant L_a - L_p & \text{无预警} \\
1.4L_v \leqslant L_a - L_p < 1.7L_v & \text{蓝色预警} \\
L_v \leqslant L_a - L_p < 1.4L_v & \text{黄色预警} \\
L_a - L_p < L_v & \text{红色预警}
\end{cases}
\tag{3-5}
$$

其中，L_a 可以依据现场资料求得，L_p 根据现场隔水煤岩柱电阻率监测数据实时求得，L_v 根据相关力学判据求取。

（1）封闭不良钻孔突水预警参数中，L_p 为工作面塑性区超前发育距离，理论或判据有效厚度 L_v 利用式（3-6）求解。

$$L_v = r_a \left(\sqrt[A]{\frac{p\tan\varphi + c}{c}} - 1 \right) \qquad (3-6)$$

（2）断层突水预警一般是对导水断层或者采动影响下可能发生活动的断层进行预警，特别是采动活化断层因为重视度不够，所以更易引发突水。在进行断层预警时，应先对初始不导水或弱导水断层是否活化进行判定，即利用式（2-17）判据对断层是否活化进行判定。对于导水断层和活化断层，判据有效厚度 L_v 利用式（3-7）求解。

$$L_v = \left[0.5KM\sqrt{\frac{3P}{K_P}} \geq 20 \right] \qquad (3-7)$$

（3）陷落柱水害可以分为侧壁突水和顶底部突水两种模式，在侧壁突水模式中预警准则参数 L_p 为工作面塑性区超前发育距离，可由预警系统实时监测求取，判据有效厚度 L_v 利用式（3-8）求解。

$$L_v = \frac{M(p_1 + Q)}{4\left[(H_0\gamma_d + M\gamma_g)\tan\theta + c \right]} \qquad (3-8)$$

在顶底部突水模式中，预警准则参数 L_p 为顶板导水裂隙带发育高度或底板破坏深度，由预警系统实时监测求取，判据有效厚度 L_v 利用式（3-9）求解。

$$L_v = \frac{-2(H_0\gamma_d\nu\tan\theta + c) + \sqrt{4(H_0\gamma_d\nu\tan\theta + c)^2 - 2\xi\gamma_g\nu\tan\theta(Q - W + p_1)}}{\gamma_g\nu\tan\theta}$$

$$(3-9)$$

（4）老空区突水可以分为顶板老空区突水和邻近老空区突水，在顶板老空区突水预警中，参数 L_p 为顶板导水裂隙带发育高度，理论或判据有效厚度首先利用式（3-10）求出 L_{v1} 和 L_{v2}，然后取其最大值为 L_v，即 $L_v = \max（L_{v1}, L_{v2}）$。

$$\begin{cases} \dfrac{12L_x^2 L_y^2 (L_x^2 + \upsilon L_y^2)(p + q_1 + \gamma L_{v1} - q_2)}{\pi^2 [3(L_x^4 + L_y^4) + 2L_x^2 L_y^2] L_{v1}^2} - 2c\sqrt{\dfrac{1 + \sin\varphi}{1 - \sin\varphi}} = 0 \\[4mm] p + q_1 + \gamma L_{v2} - q_2 - \dfrac{12\sqrt{3L_x^2 + L_y^2} \cdot S_t L_{v2}^2 L_x}{L_y^2 (\sqrt{3L_x^2 + L_y^2} - L_y)(L_y \sqrt{3L_x^2 + L_y^2} - 3L_x^2 - L_y^2)} = 0 \end{cases}$$

$$(3 - 10)$$

在邻近老空区突水预警中，实时监测顶底板塑性区超前发育距离和煤层塑性区超前发育距离 L_p，对于顶底板，其判据有效厚度 L_v 利用式（3-11）求取。

$$L_v = \frac{p}{T_s} + 10 \tag{3 - 11}$$

对于煤柱有效厚度 L_v 利用式（3-12）分别求出 L_{v1} 和 L_{v2}，L_v 为两者中的最大值，即 $L_v = \max(L_{v1}, L_{v2})$。

$$\begin{cases} p - (\lambda K\gamma H + c \cdot \cot\varphi) \mathrm{e}^{\frac{2\tan\varphi}{m\xi} L_{v1}} + c \cdot \cot\varphi + \lambda\gamma H = 0 \\[3mm] L_{v2} - \left[0.5KM\sqrt{\dfrac{3P}{K_P}} \geqslant 20 \right] = 0 \end{cases} \tag{3 - 12}$$

将预警过程几处的 L_p 和 L_v 实时代入预警准则之中，取其最高警情发布，并注明其突水危险处。

（5）在底板突水预警中，参数 L_p 为底板破坏深度，理论或判据有效厚度首先利用式（3-13）求出 L_{v1} 和 L_{v2}，然后取其最大值为 L_v，即 $L_v = \max(L_{v1}, L_{v2})$。

$$\begin{cases} p - A_1 L_{v1}^2 \tau_0 + \gamma L_a = 0 \\[2mm] p - A_2 L_{v2}^2 S_t + \gamma L_a = 0 \end{cases} \tag{3 - 13}$$

底板突水预警在实际应用中还应考虑相关防治水规定，规定中关于底板突水预测的突水系数法在现场应用较为广泛，考虑突水系数几经变动，并结合现场应用经验，分别针对底板受构造破坏块段和正常块段制订底板突水预警准则。

底板受构造破坏块段的预警准则：

$$\begin{cases} \dfrac{p}{L_a - L_p} \geqslant 0.06 \text{ 且} \dfrac{p}{L_a} \leqslant 0.06 & \text{黄色预警} \\[4mm] \dfrac{p}{L_a} \geqslant 0.06 & \text{红色预警} \end{cases} \tag{3 - 14}$$

底板正常块段的预警准则：

$$
\begin{cases}
\dfrac{p}{L_a - L_p} \geqslant 0.1 \ \text{且} \ \dfrac{p}{L_a} \leqslant 0.1 \quad \text{黄色预警} \\[3mm]
\dfrac{p}{L_a} \geqslant 0.1 \quad \text{红色预警}
\end{cases}
\tag{3-15}
$$

在实际应用中，灵活应用上述三个准则，当某一个准则发出警情以后，一定要注明该警情触发的预警准则，以帮助矿井工作者决策。

（6）在顶板突水预警中，参数 L_p 为顶板破坏高度，判据有效厚度 L_v 为保护层厚度，可以根据《建筑物、水体、铁路及主要井巷煤柱留设与压煤开采规范》《煤矿防治水细则》及现场水文地质条件综合确定，一般取 10 m。

二、矿井水害化学预警准则

矿井水害化学预警首先分析矿井水文地质条件，利用动态构建标准水源样品库的方法建立目标预警工作面水源样品库，样品库的水源要涵盖所有该工作面可能的充水水源，特别是致灾水源，水源样品库中每个水样的指标涵盖 TDS、$Na^+ +$ K^+、Ca^{2+}、Mg^{2+}、Cl^-、SO_4^{2-}、HCO_3^-、pH 等指标，然后将该动态的标准水源样品库录入化学预警系统中，并将该系统置入采煤工作面，随着工作面推进而移动，当井下有出水现象时，迅速采集水样对其化学指标进行测试和计算，形成 TDS、$Na^+ + K^+$、Ca^{2+}、Mg^{2+}、Cl^-、SO_4^{2-}、HCO_3^-、pH 等指标，然后代入水源识别模型进行水源识别，依据识别结果制订以下矿井水害化学预警准则。

1. 单水源预警准则

当系统识别出的水源为单水源时，根据识别水源的强弱及水源的危害性，制订以下预警准则：

（1）弱充水水源，$q \leqslant 0.1 \ \text{L/(s·m)}$，无预警。

（2）中等充水水源，$0.1 \ \text{L/(s·m)} < q \leqslant 1.0 \ \text{L/(s·m)}$，蓝色预警。

（3）强充水水源，$1.0 \ \text{L/(s·m)} < q \leqslant 5.0 \ \text{L/(s·m)}$，如该水源致灾风险较小则黄色预警，如该水源致灾风险较大则红色预警。

（4）极强充水水源，$q > 5.0 \ \text{L/(s·m)}$，红色预警。

（5）老空水，红色预警。

其中，q 为充水水源所属含水层的钻孔单位涌水量（以口径 91 mm、抽水水位降深 10 m 为准）。

2. 混合水源预警准则

当系统识别出的水源为混合水源识别时，根据混合水源的成分，制订以下预警准则：

（1）混合水源中全部是弱充水水源，无预警。

（2）混合水源中，最强充水水源为中等充水水源，当中等充水水源达到30% 以上时，蓝色预警；否则无预警。

（3）混合水源中，最强充水水源为强充水水源，当强充水水源达到 30% 以上时，如该水源致灾风险较小则黄色预警，如致灾风险较大则红色预警。当强充水水源比例在 30% 以下时，蓝色预警。

（4）混合水源中，最强充水水源为极强充水水源，当极强充水水源达到30% 以上时，红色预警；否则黄色预警。

（5）混合水源中有老空水，当老空水达到 30% 以上时，红色预警；否则黄色预警。

第四章 矿井突水灾害监测预警系统设计

第一节 物理监测预警电法及重点监测系统设计

一、系统预警控制方法设计

井下电法仪（数据采集分站）根据设定的数据采集策略，定时全方位采集防隔水煤岩柱的视电阻率、重点部位的水温水压和应力应变等测量数据，并通过通信模块将监测数据传输至井上监控中心。监控中心收集所有的监测数据，通过对监测数据对比分析，形成巷道底板视电阻率图、水温水压和应力应变趋势图，分析得出预警准则所需物理量，代入定性预警准则和定量预警准则，判断是否有警情发生。系统整体预警控制方法如下：

（1）在煤矿的一条巷道中放置一台电法采集分站，分站连接多个电极转换装置和传感器，按照高密度电法原理和图 3-2 布置电极转换装置和传感器。

（2）地面控制中心计算机放置在地面上，由预警系统研发人员设置报警条件；由用户通过地面控制中心设定数据采集策略，实现视电阻率图、水温水压和应力应变的适时采集。

（3）每次数据采集完毕后，由数据采集计算机将采集数据发送至地面控制中心计算机，由地面控制中心计算机处理、分析数据，绘制视电阻率图像、水温水压和应力应变曲线图，以便于查看、分析监测区域地质构造和采掘活动破坏范围，计算预警准则相关参数，代入定性和定量预警准则，判断是否有警情发生，

71

若有则向预先指定的客户端报警接收装置发送报警信息。

（4）监测数据处理完毕后，地面控制中心计算机通过网络将采集的数据发送至数据服务器，由数据服务器进行保存。

（5）重复（3）、（4）直至监测预警结束。

（6）在整个监测预警过程中，矿井水害专家或管理人员可通过远程管理计算机，随时、随地查看地面控制中心计算机的数据和图像，并可以依据监测数据结合现场实际情况和经验适时调整预警参数，使警情发布更准确。

二、监测预警系统硬件结构设计

根据系统的功能需求，将系统划分为井下检测系统和井上监控中心两大部分，系统的整体结构如图4-1所示。

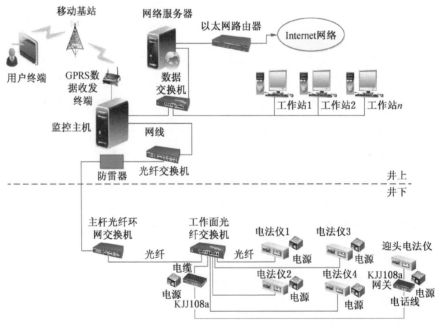

图4-1　物理监测预警系统结构图

1. 井下检测系统

井下检测系统系统设备主要包括电源设备、测量设备和通信设备。其中，电源设备为本安电源，为电法采集分站、矿用光网络交换机等设备提供电源。测量设备主要有电法仪和传感器，电法仪主要是全方位监测防隔水煤岩柱的视电阻率，传感器主要是监测重点监测部位的水温水压和应力应变。通信设备有矿用环网交换机和本安型交换机，矿用环网交换机型号为 KJJ61A，为电法采集分站提供协议转换，通过光纤实现长距离传输，本安型交换机是为了实现电法仪与主干网之间的连接。

2. 井上监控（控制）中心

井上监控中心包括监控主机、通信设备、预警信息发送设备、网络服务器和防雷器等。其中，监控主机为预警系统的主控计算机，实现井下检测系统设备的信息采集和控制；通信设备包括交换机和以太网路由器，交换机实现主干网和监控主机之间的连接，以太网路由器实现网络服务器和 Internet 之间的连接；预警信息发送设备为 GPRS 数据发送终端，实现预警短信发送；网络服务器为井下预警数据的存储备份，远程工作站和互联网用户可以通过网络从网络服务器读取数据，实现预警系统的远程操控；防雷器主要用于预警系统设备的防雷保护。

三、系统软件结构设计

监测预警系统软件系统可以分为井下软件系统和井上软件系统两大部分。

1. 井下软件系统结构

井下软件系统运行于电法采集分站内，软件的结构如图 4-2 所示，主要实现以下功能：

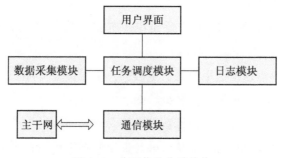

图 4-2　井下软件体系结构

（1）用户界面设置基本参数，比如仪器 IP、ID 等。

（2）任务调度模块负责控制整个井下测量单元的运作。

（3）数据采集模块可以根据任务调度模块指挥，使用给定的装置形式和参数采集测量数据。

（4）日志模块记录仪器的工作过程及错误信息。

（5）通信模块发测量数据给地面控制中心，并从控制中心接收命令。

2. 井上软件系统结构

井上软件系统由后台监控模块和界面显示模块组成，主要运行于地面监控主机内，从功能上划分，井上软件系统的结构如图 4-3 所示。井上软件系统各模块的主要功能如下：

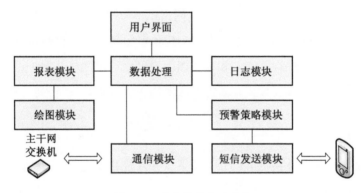

图 4-3　井上软件体系结构

（1）用户界面完成用户输入各种配置数据、策略数据，实现历史数据浏览、管理，日志管理等功能。

（2）数据处理是系统的主运行模块，主要实现数据的处理、警情判别等功能。

（3）报表模块可以根据用户的历史数据，生成报表文件。

（4）绘图模块可以根据测量数据绘图。

（5）通信模块负责和井下仪器数据交换。

（6）数据库管理模块可以将接收的数据按照预定格式存入数据库。

（7）数据管理模块实现数据的备份、删除、查询及展示等功能。

（8）日志模块可以记录系统的工作日志。

（9）预警策略模块可以保存并执行系统的预警策略。

（10）短信发送模块可以在警报产生时向相关人员发送预警短信。

四、系统工作流程及数据存储设计

1. 井下工作流程及数据存储设计

井下软件系统在第一次运行时，需要读取各种工作参数（图 4-4），例如：本机和控制中心的 IP 地址、多种测量参数等。如果初次运行读取失败则等待控制中心的连接并接收相关数据。

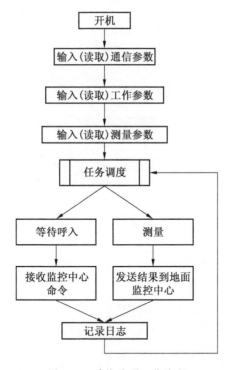

图 4-4 系统井下工作流程

井下监控机要存储的数据有：通信参数（控制中心地址，本地地址可选保存）、测量参数（电极间隔和起始位置等）、监控策略（测量间隔等）、测量数据（测量参数、原始测量结果和最终结果）和日志等，见表 4-1。监控机端的配置数据较少,可采用配置文件存储;采集数据和日志可以以文件方式临时存储,发送到控制中心后可删除本地的数据文件。原始测量结果以后不保存,也不发送到控制中心。

表 4-1　井下监控机数据存储方案

编号	文件类型	说　明
1	配置文件	通信配置、测量参数配置(电极间隔和起始位置等),监控配置
2	数据文件	测量数据(测量参数、原始测量结果和最终结果)
3	日志文件	仪器自检和测量日志

2. 井上工作流程及数据存储设计

井上系统界面模块是交互式的工作模式,以下所描述的工作流程是指后台监控模块的工作流程(图4-5)。

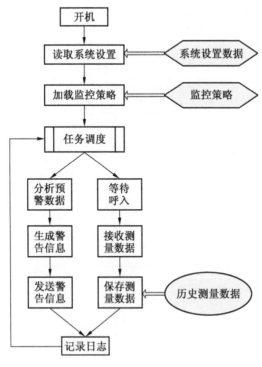

图 4-5　井上系统工作流程

井上监控中心要存储的数据有：权限管理数据、通信配置数据、监测配置数据（测量间隔等）、测量参数配置（电极间隔和起始位置等）、测量数据（测量参数、原始测量结果和最终结果）、仪器连接状态、预警策略、预警信息和日志等。

考虑到监控中心的数据量较大，查询操作频繁，用数据库操作比较方便。数据库中要保存的数据表见表4-2。

表4-2 井上数据库存储方案表

编号	数 据 表	说 明
1	权限管理数据	用户名及其权限
2	通信配置数据	调度中心及设备自身 IP 地址等
3	监测配置数据（测量间隔等）	每台仪器分别设置
4	测量参数配置（电极间隔和起始位置等）	每台仪器分别设置
5	测量数据（仪器 ID、测量参数、测量时间和最终结果）	
6	仪器连接状态表（仪器 ID、部署位置、电话号码和连接状态）	连接失败/连接正常但自检失败/仪器测量失败/正常
7	预警策略	每台仪器分别设置或者统一设置
8	日志	设备的操作记录

五、开发平台选择

系统平台的选择包括四个方面：硬件平台、操作系统平台和软件配置、数据库平台、开发工具。

1. 硬件平台

由于预警系统需要即时绘制视电阻率等值线图和主要参数变化对比图，因此该系统对计算机硬件有一定的要求：1 GHz 或以上的处理器，2 GB 以上内存，20 GB 可用硬盘，支持 DirectX 9 的显卡。

2. 操作系统平台和软件配置

考虑到用户用的是 Windows 系列的操作系统，因此本系统操作平台选择

Windows 7 或后继版本，配套软件有 Surfer、Office 系列。

3. 数据库平台

根据系统对数据量的要求，无须选择大型的数据库存管理系统，物理监测预警系统选择了 MySQL 数据库，该数据库具备支持多线程，能够充分利用 CPU 资源，为多种编程语言提供 API，开源不需要支付额外费用、使用 C 和 C++编写，保证源代码的可移植性等诸多优点，因此本系统选择 MySQL 作为后台数据库。

4. 开发工具

物理监测预警系统嵌入式软件部分使用的开发环境为 Windows CE 6.0 SDK 和 VC++ 2008。物理监测预警系统 PC 端软件部分使用 VC++ 2008 和 Qt 4.7 开发环境。

六、井下监控机软件功能设计

监控机电法采集分站是集电剖面和电测深为一体的，采用高密度布点技术，进行二维、三维电断面测量的一种电阻率监测设备，可对井下岩体的电阻率进行连续监测，并实时显示井下岩体的赋水情况，还可将数据实时传送至上位机预警系统进一步进行分析、监控。

电法采集分站通过客户端软件进行控制，仪器内部软件可根据客户端指令控制电极控制器自动测量，并将采集数据实时上传至客户端。电法采集分站采用数字式控制放电电流，可根据大地电阻的实际情况自动选择最适合的放电电流，达到最高精度的测量；仪器采用数字锁相环测量技术，支持多频正弦波放电，放电电流极小、抗干扰、测量精度高，抗干扰能力强，可用在强干扰环境的勘探现场。

电法采集分站软件主要实现数据采集分站的初始化及相关设置，在确保装置与大地接触良好，各个端口的设备连接完好，施工配件齐全，没有强烈震动、碰撞或直接淋水的情况下打开仪器，系统会进入初始化过程，并显示电法采集分站软件主界面，如图 4-6 所示。

点击"系统设置"出现的界面如图 4-7 所示，本机的 IP 地址设置为 192.162.1.X（X 值可为 1 到 254 之间任意值，但是环网上有多个采集站时，需

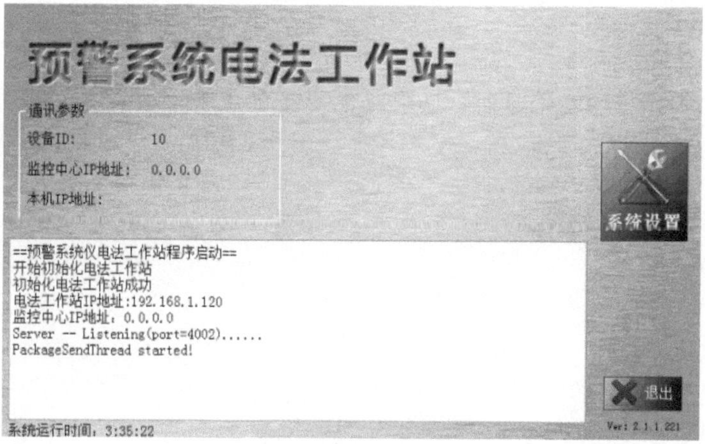

图 4-6　电法采集分站软件主界面

要在 IP 地址上加以区分,不能重复)子网掩码设置为 255.255.255.0,网关无须填写。通信参数下,本机 ID 可以任意填写几位数字。监控中心 IP 地址为监测预警系统所在主机的 IP。

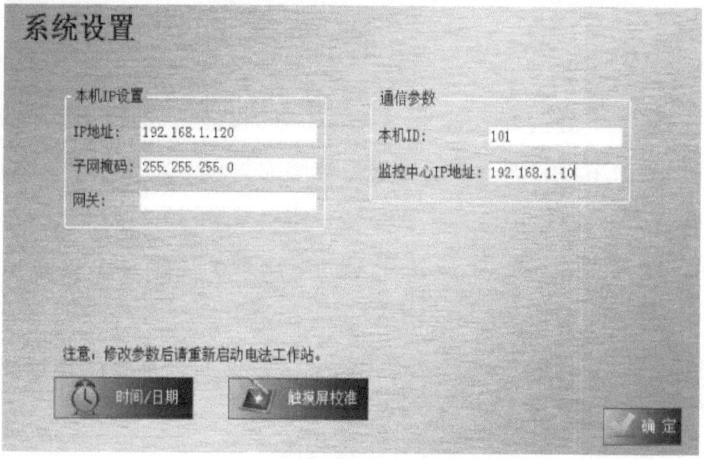

图 4-7　电法采集分站参数配置界面

完成设置后点击“确定”,然后退出,重启程序,完成配置;程序启动处于等待状态后,等待监控中心程序指令。

七、地面监控中心软件功能设计

地面监控中心的初始界面就是用户登录界面（图4-8），在登录成功以后才进入数据管理界面。

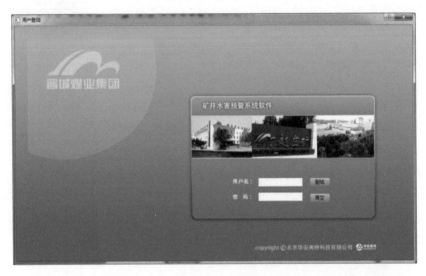

图4-8　预警系统客户端登录界面

用户访问监控中心前要先登录，获取相应的权限，即可进入预警系统主界面。主菜单包括：用户管理、设备管理、传感器管理、监控策略、数据查询、警情记录、曲线图和系统帮助八个主要功能按钮（图4-9）。

预警系统主界面中八个主要功能按钮主要实现的功能为：

（1）用户管理：权限设置、日志管理、注销用户、用户登录。

（2）设备管理：监控机设置、系统类型设置（底板预警或者超前预警）、通讯设置。

（3）传感器管理：传感器设置、通信设置。

（4）监测策略：监控机监控策略设置、传感器监控策略设置、水害预警策略设置。

（5）数据查询：实时数据查询、历史数据查询。

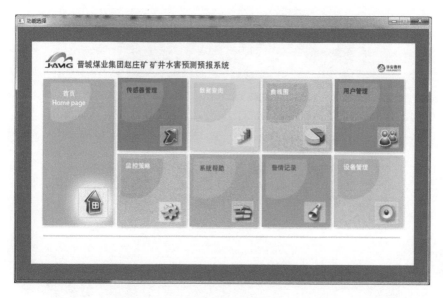

图 4-9　预警系统功能界面

（6）警情记录：监控机报警查询、传感器报警查询。

（7）曲线图：实时曲线显示、历史曲线显示。

（8）系统帮助：帮助主题、技术支持、报警日子、系统日志。

1. 首页界面及功能设计

点击"首页"，进入首页界面；此界面可显示整个矿井地图，可放大、缩小、移动矿井地图来方便工作人员查看，还可查看或隐藏监控机测量范围内最近一次测量数据生成的视电阻率图，如图 4-10 所示。

监控机和电极链路会在地图上表示，通过点击监控机图标可快速查看监控机的信息和最后测量到的电阻率图，如图 4-11 所示。

在电法链路的显示上会以十个电极作为表示，点击表示图标可查看十个点地的信息。正常状态的电极以绿色显示，未检测到的电极以黄色显示。可单击查看详细信息，如图 4-12 所示。

2. 用户管理界面及功能设计

在软件左侧功能按钮中点击"用户管理"，该界面用于对使用本软件系统的

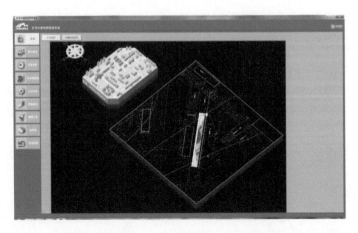

图 4-10 物理监测预警系统首页界面

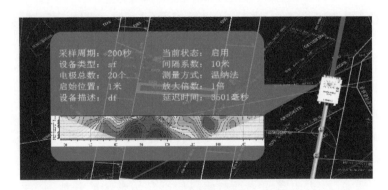

图 4-11 监控机信息界面

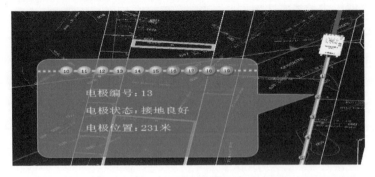

图 4-12 电极信息界面

人员进行信息记录、用户和密码的管理；在此界面可对账户进行添加、修改和删除操作，如图 4-13 所示。

图 4-13　预警短信接收界面

在用户管理界面中可设置预警短信接收人员的权限和手机号码，当井下监测环境达到预警条件时，系统客户端软件在计算机上发出预警信息的同时还会通过短信通知相关人员，使相关负责人可第一时间掌握井下水情。

3. 设备管理界面及功能设计

在设备管理界面中点击"添加"，弹出添加仪器界面。监控机是部署在矿井下的电法设备，添加界面如图 4-14 所示。在设备管理界面中点击"工作站列表"，进入列表显示模式，在设备管理界面中列出当前安装的所有电法设备，可快速查看设备的详细信息。可对设备进行手动操作：选中相应的监控机，点击鼠标右键，唤出选择框，点击鼠标左键，选中需要进行的操作。具体操作包括：状态查询、自检、接地检测、测量。

点击"测量"弹出测量参数设置界面，在该界面可选择井下监控机、测量装置、电极开始数、电极结束数、间隔系数、测量精度、放大倍数、延迟时间等信息，参数设置完成后，点击"确认"，选中的监控机开始进行测量。测量参数设置界面如图 4-15 所示。

图 4-14　添加仪器界面

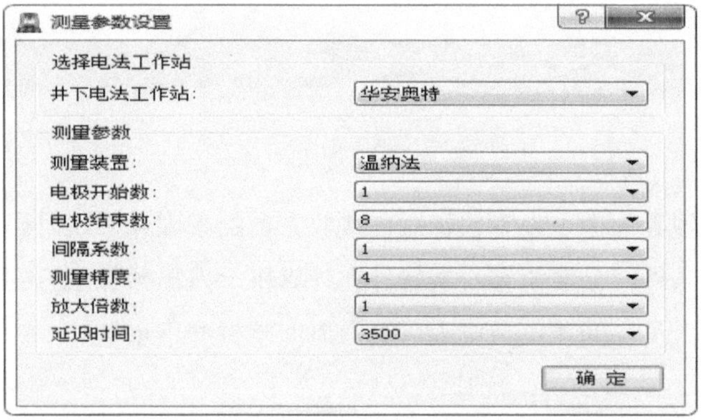

图 4-15　测量参数设置界面

4. 传感器管理界面及功能设计

在软件左侧功能按钮中点击"传感器管理"，进入传感器管理界面。该界面用于管理预警系统中的所有传感器设备，包括温湿度传感器、水位温度传感器、超声波流量计、明渠流量计等。在此界面可对系统内的传感器设备进行添加、修改、删除操作。在传感器管理界面中点击"添加传感器"，弹出添加传感器界面（图 4-16）可实现传感器的添加。修改、删除操作是实现对现有传感器的设置的修改，或者删除现有传感器。

5. 监控策略界面及功能设计

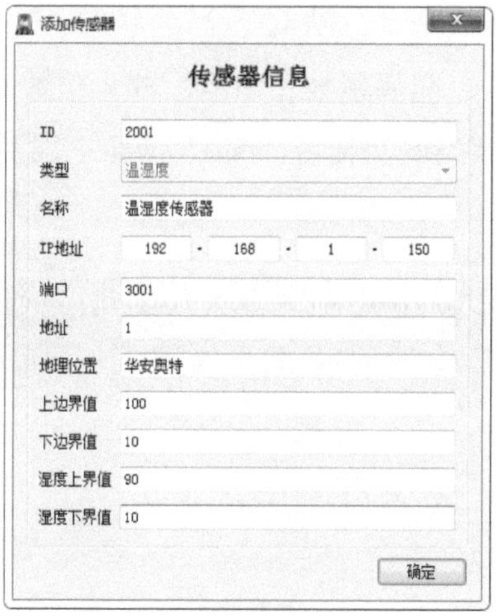

图 4-16 添加传感器界面

在软件左侧功能按钮中点击"监控策略",进入监控策略界面。该界面用于管理系统所有设备的监控策略,包括电法监控策略、传感器监控策略。在该界面可创建、查看或修改各监测设备的监控策略。

如在电法监控策略界面中点击"添加监控策略",弹出电法策略设置界面。监控机监控策略修改界面如图 4-17 所示。

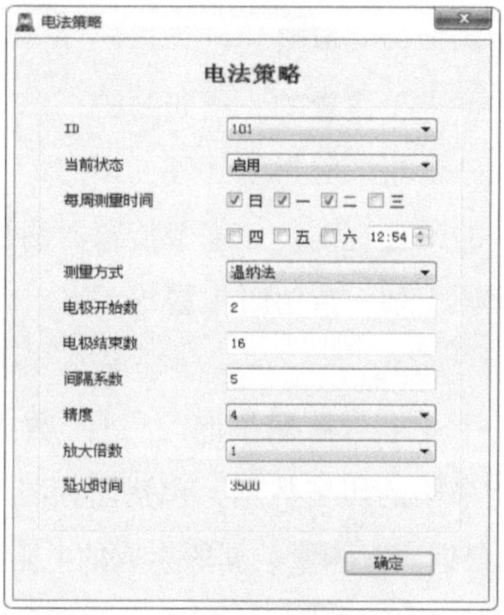

图 4-17 电法监控策略修改界面

在该界面中可选择电法采集分站 ID、当前状态、每周测量时间、测量方法、电极开始数、电极结束数、间隔系数、精度、放大倍数、延迟时间等信息，同一台电法采集分站可设置多条电法监控策略，满足不同时段、不同位置的监测需求，如图 4-18 所示。

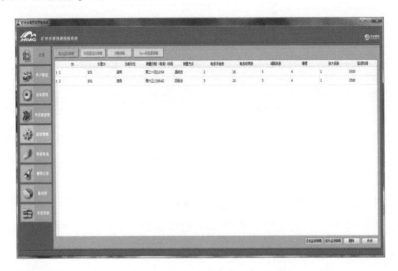

图 4-18　电法监控策略界面

需要说明的是由于预警准则比较复杂，要求设置人员具有较高的水害防治理论水平和现场经验，因此物理预警策略的设置是研发人员和水害防治专家通过一定的代码和数据库中的数据进行设置的。不同的矿，不同的预警类型，预警策略也不同，因此关于物理预警策略采取封闭管理，用户是不能设置和更改的。但用户根据需要设置一些简单的预警规则，如某个传感器测量数值在一定的区间时报警，或者测量的视电阻率低于某一数值时报警等。

6. 数据查询界面及功能设计

在软件左侧功能按钮中点击"数据查询"，进入数据查询界面。该界面用于显示系统所有监测设备所采集的历史数据，包括监控机数据和传感器数据。电法数据界面右上角直接显示最近一次测量数据所生成的电阻率图，在该界面可通过仪器 ID 和起止时间查看各监控机所采集的详细历史数据和视电阻率图，所查询的各组测量数据按测量完成时间在界面右下方降序排列，同时界面右上角所显示的电阻率图变为查询时段所包含的各电阻率图的变化动画，如图 4-19 和图 4-20 所示。

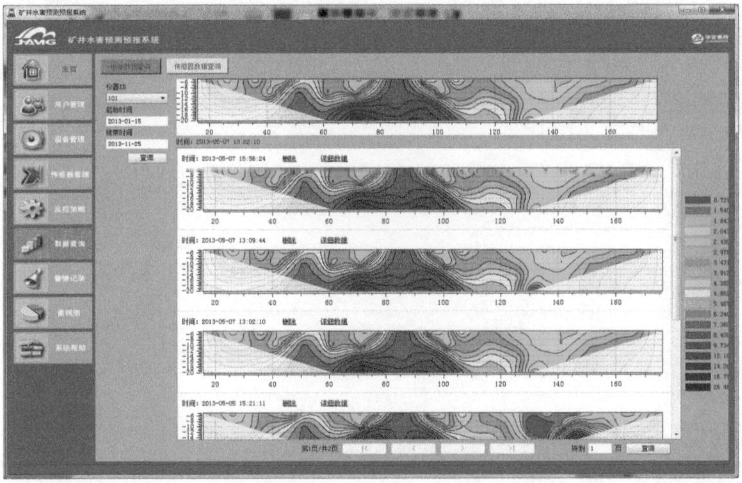

图 4-19　电法数据查询界面

详细数据

仪器Id:101　时间:2013-10-22 17:34:28

	F	X	Y	电阻	A	B	M	N	放电电压	放电电流	测量电压
1	1	16	-5	1	1	4	2	3	23.025	136.626	351.329
2	1	26	-5	1	2	5	3	4	35.337	133.435	361.984
3	1	36	-5	1	3	6	4	5	29.7694	143.365	345.349
4	1	46	-5	1	4	7	5	6	30.4982	113.296	328.712
5	1	56	-5	1	5	8	6	7	31.2263	110.105	339.367
6	1	66	-5	1	6	9	7	8	25.6587	120.034	322.732
7	1	76	-5	1	7	10	8	9	26.3875	116.843	333.385
8	1	86	-5	1	8	11	9	10	40.8198	126.774	376.75
9	1	96	-5	1	9	12	10	11	41.548	136.703	360.115
10	1	106	-5	1	10	13	11	12	42.2767	133.512	370.768
11	1	116	-5	1	11	14	12	13	36.7091	143.442	354.133
12	1	126	-5	1	12	15	13	14	37.4373	140.251	364.788
13	1	136	-5	1	13	16	14	15	31.8702	140.251	364.788
14	1	31	-10	1	1	7	3	5	31.8702	110.181	348.151

图 4-20　电法详细历史数据界面

传感器历史数据查询界面可查看系统中所有传感器所采集的详细历史数据。在该界面中，所有传感器按照不同类别称树状排列，界面右侧为所选中的传感器的参数。在历史数据界面选中想查询的传感器，即可查看该传感器在时间范围内所采集的详细历史数据，如图 4-21 所示。

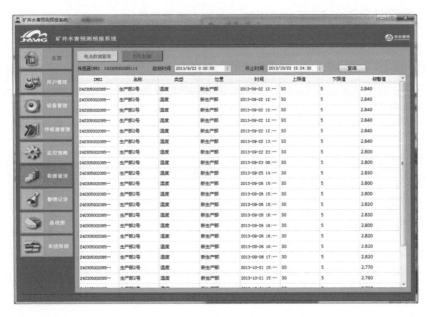

图 4-21　传感器详细历史数据界面

7. 警情记录界面及功能设计

在软件左侧功能按钮中点击"警情记录",进入警情记录界面。该界面用于显示系统所有类别的警报情况,如图 4-22 所示。

8. 曲线图界面及功能设计

在软件左侧功能按钮中点击"曲线图",进入曲线图界面。该界面用于显示系统所有传感器所采集的所有历史数据的状态曲线和实时曲线。状态曲线图是通过查询指定传感器设备记录的历史数据进行曲线图的绘制,如图 4-23 所示。

实时曲线图是从指定传感器实时接收到的值并将其绘制成曲线图,如图 4-24 所示。可通过鼠标在绘制图上拖框来进行放大曲线操作。

9. 系统帮助界面及功能设计

在软件左侧功能按钮中点击"系统帮助",进入系统帮助界面;该界面用于显示系统所有的详细报警信息和系统操作信息等,包括报警日志和系统日志。

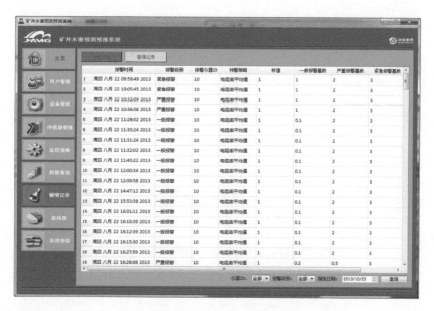

图 4-22 预警记录界面

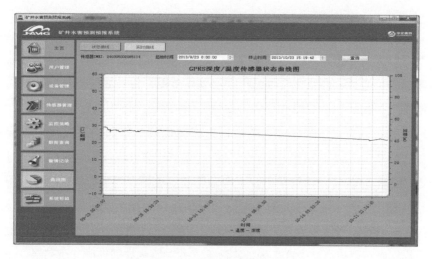

图 4-23 历史数据状态曲线界面

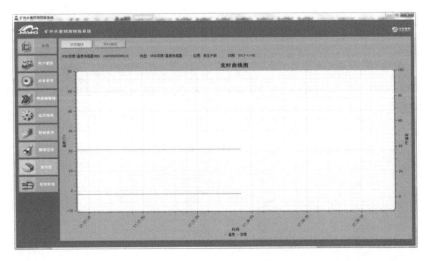

图 4-24　传感器实时曲线界面

第二节　物理监测预警微震系统设计

一、系统预警控制方法设计

物理监测预警微震系统（图4-25），根据设定实时采集井下围岩变形破坏产生的微震波，通过定位原理实时分析岩层破坏范围，将破坏区域相关数据代入定量预警准则，判断是否有警情发生。系统整体预警控制方法如下：

（1）通过遍布在监测区域内的微震传感器接收工作面回采过程中煤层底板岩体微破裂产生事件所释放的能量波，将机械振动信号转化为电压信号经过通信电缆（阻燃带屏蔽层）传输至矿井下的微震监测分站。

（2）微震监测分站通过光缆将电压信号传输至地面数据采集服务器（该服务器已经实现微震监测信号的自动转化存储），以实时监测显示方式再现工作面回采过程中煤层底板岩体微破裂产生的地震波形，并对监测数据进行自动存储、处理。

（3）地面数据处理机通过实时调取地面数据采集服务器内的微震监测数据进行分析解算，实时分析防水煤岩柱采动破坏范围。

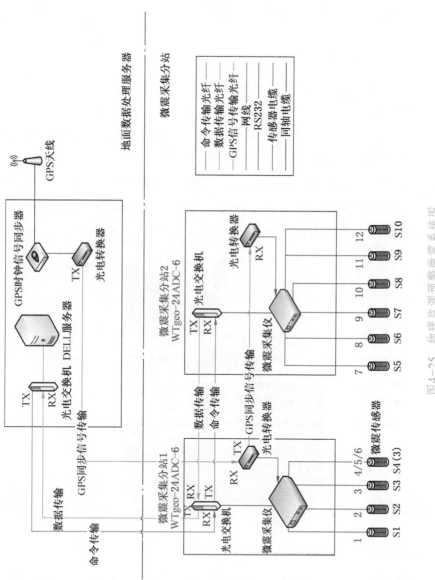

图4-25　物理监测预警微震系统图

91

（4）将防水煤岩柱采动破坏相关数据，代入物理预警准则，判断突水警情，根据实际情况实时发布警情。

（5）重复（3）、（4）直至监测预警结束。

二、微震监测预警硬件系统

1. 微震传感器

微震传感器是整个煤矿防治水动态微震监测系统的基础部件，其功能是实时监测工作面回采过程中煤层底板岩体破裂信号，并将数据发送至采集分站。岩体破裂产生的微震信号特点是震级小，信号频率范围大，从几十赫兹到几百赫兹范围，对采集信号的传感器性能要求非常高。微震传感器参数为：单轴微震传感器GZC5、三轴微震传感器GZC5（A）；200 V/（m·s）灵敏度；0.1~1000 Hz自然频率；钻孔安装。微震传感器如图4-26所示。

图4-26　微震传感器图

2. 微震采集仪

微震采集仪处理后的波形信号的质量直接影响着后期的数据处理结果。项目使用的微震采集仪KJ648（B）-Z具有高分辨率的信号采集能力，主要参数有：①高分辨率，24位AD；②高采样率，20 kHz；③高触发精度，±1 μs；④适用温度环境：-40~85 ℃；⑤适用湿度环境，0~100%；⑥时钟同步，GPS 结合光纤网络同步，保证时间精度。微震采集仪如图 4-27 所示。

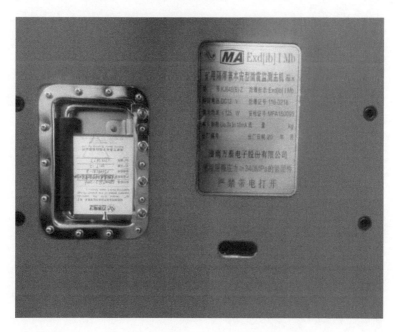

图 4-27　数据采集仪示意图

三、微震监测预警软件系统

煤矿防治水微震监测系统 PCS 平台可将工作面回采过程中煤层底板岩体微破裂信号进行实时监测显示，并能自动转化存储于地面数据采集服务器，且可以实现事件智能化处理，以及后期的人工精细处理。

（1）工程配置软件 PCS：方便用户进行建立工程和项目管理，主要功能是帮助用户将监测区域的采集仪配置参数以及记录的原始波形数据导入计算机以便进行自动或深入的人工处理和分析（图 4-28）。

（2）可视化软件 DIS：将矿体、巷道、采空区等三维模型导入，与微震事件时空分布相结合，形成三维立体可视化模型，便于直观分析微震事件时空分布规律（图 4-29）。

图 4-28　PCS 软件界面图

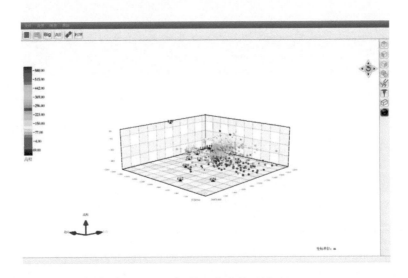

图 4-29　DIS 软件界面图

（3）实时监控软件 RMS：系统会展示实时波形、设备对应的拓扑图、数字
采集仪及传感器的信息，以及设备管理、参数配置的相关信息，并将监测到的
数据实时写入数据库。微地震实时监控软件采集到数据后，可以用微地震数据
处理软件和微地震三维可视化软件分别处理和展示采集到的实时微地震数据

（图 4-30）。

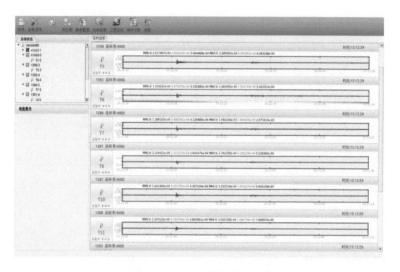

图 4-30　RMS 软件界面图

（4）数据处理 DPS 软件：快速处理野外采集回来的微震数据，通过对微震数据进行滤波，并进行波形变换，拾取其 P、S 波初至，然后定位计算得到微震事件的定位信息和震源信息（图 4-31）。

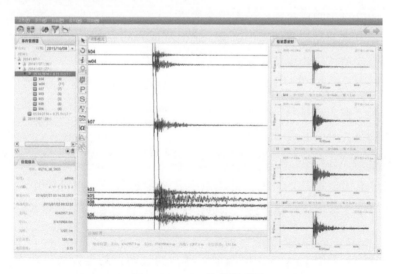

图 4-31　DPS 软件界面图

煤矿防治水动态微震监测系统主要用于实时监测工作面回采过程中煤层底板岩体微破裂事件，支持自动和手动定位、计算多个震源参数、反演震源机制，分析事件发生规律与波速场变化，判断潜在的突水灾害活动及灾害预警。

第三节　矿井水化学监测预警系统设计

一、硬件系统需求分析及组成设计

矿井水化学监测预警系统总体思路为：首先利用现有水质台账或利用本系统现场测试，建立各个水源的标准样品库（建库时要利用本文的动态水源样品库的建设方法）；然后当井下有出水、滴水现象时能迅速化验出水点的水质，并利用水源识别算法和标准样品库进行对比分析，实现水源识别；最后代入矿井水害化学预警准则，实现矿井水害化学预警的目的。为此硬件系统应满足以下需求：

（1）测量尽可能多的测量项目。

（2）采用吸光度法测量和离子复合电极测量两种方法，确保水源识别指标的完整性。

（3）高分辨率测量指标，满足精度需求。

（4）规范水剂与粉剂的操作定量，确保测量的可重复性。

（5）应支持故障检测及提示。

（6）采用 12 V/3 A 电源，TFTLCD 带触摸屏。

（7）基于嵌入式平台，方便系统扩展和升级。

（8）内嵌 WIN CE 操作系统。

（9）支持 WIFI。

为满足上述需求，将系统设计成以下几个组成部分：电源模块、工控计算机、光信号采集系统、存储系统、信号传输系统、LCD 显示屏和测量槽，如图4-32 所示。

电源模块：采用 12 V/3 A 电源适配器，通过面板的电源插口接入，整个电源模块分为两路，分别为采集信号板电源和嵌入式操作平台电源。其中采集信号

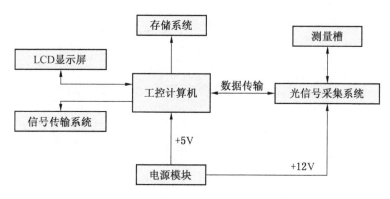

图 4-32   系统硬件框架图

板电源（12 V）分布在光信号系统上，由 12 V 再分出正负电源、5 V 电源、3.3 V电源，如图 4-33 所示。

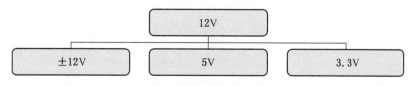

图 4-33   光信号采集板上电源结构图

嵌入式操作平台电源在嵌入式操作平台上（图 4-34），由外部提供 5 V/2 A 电源，系统再分别给 WIFI、LCD、核心板提供电源，如图 4-35 所示。

光信号采集系统是整个系统的关键部分，完成仪器的光源选择、光信号检测，并根据该元素所用显色剂对应曲线计算出元素含量，该系统为嵌入式操作平台提供采集数据并执行由平台发出的指令，其关键部件有：

（1）MCU：供电电压为 2.7~3.6 V，温度范围为 -40~+85 ℃，高速 8051 微控制器内核，768 字节（256+512）内部 RAM，8KB FLASH，可在系统编程，扇区大小为 512 字节，17 个端口 I/O，均耐 5 V 电压，大灌电流，增强型 UART、SMBus 和增强型 SPI 串口，内部振荡器频率为 24.5 MHz，±2% 的精度，可支持无晶体 UART 操作。

（2）LED 光源：为了使用者安全并能满足仪器需要，本仪器采用 5 种波长，分别为 420 nm、466 nm、525 nm、575 nm、610 nm。

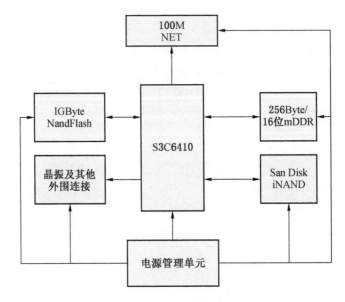

图 4-34　嵌入式计算机功能框图

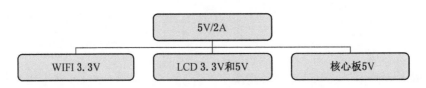

图 4-35　嵌入式平台电源结构图

（3）硅光电池：一种直接把光能转换成电能的半导体器件，其核心部分是一个大面积的 PN 结，把一只透明玻璃外壳的点接触型二极管与一块微安表接成闭合回路。选用 Vishay 公司的高速响应的硅光电池 BPV10。

（4）信号传输系统：分为有线和无线两个部分。有线采用 RS232 传输，主要实现嵌入式平台与信号采集系统之间的通信，通信内容为选择测量元素，读取测量值。信号传输系统采用无线方式，系统框图如图 4-36 所示。

信号传输系统指标：工作电压，3.3 V；使用温度，0~80 ℃；湿度，15% ~95%；频率范围，2.4 GHz ISM；接收灵敏度，－86±3 dBm；11 Mbs、－71±3 dBm；54 Mbs。

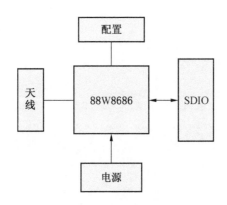

图 4-36 信号传输系统框图

（5）存储系统：采用 Flash 存储器，Flash 与单片机之间的通信采用 SPI 接口方式。在使用 Flash 芯片进行读写操作时，首先要确定 Flash 存储器的状态。本系统采用 Flash 芯片的设计既能提供足够的存储空间，又解决了 Flash 写入速度过慢的问题，大大提高了系统的存储性能。

（6）LCD 模块：LCD 采用 Innlolux Display（群创）公司的 AT070TN83，分辨为 800×480，支持 18 位 RGB，触摸屏采用深圳北泰公司的 7 寸触摸屏，型号为 AG-1740A-GRB1-FD。

二、矿井水化学监测预警软件系统设计

1. 开发平台的选择

系统硬件开发运行平台为 ARM11 的 CPU，600 MHz 主频，128MB 内存，1 GB Flash 磁盘，2 个串行接口，系统软件平台为 Windows CE 6.0 R3。嵌入式系统软件与仪器硬件之间的通信接口为串行通信接口。嵌入式系统软件与 PC 端客户端软件间的通信接口为 WIFI 网络和 TCP/IP 协议。矿井充水水源快速识别仪嵌入式软件使 Windows CE 6.0 SDK 和 VC++ 2008 开发环境。

2. 软件功能设计

矿井水化学监测预警系统主界面包含五个按键，分别是指标检测、水源识别、样品库管理、历史记录和系统设置，用户可采用触笔或者用手指触摸显示屏

来操作（图 4-37）。

图 4-37　系统主界面

指标检测：检测判别指标或自选指标的含量，快速识别被测水样的水源类型。

样品库管理：选择建库指标，建立水源样品库，浏览已有样品库，删除样品库。

水源识别：检测被测水样的指标含量，将测量结果和水源样品库进行比对，进而识别被测水样的水源类型，并根据预警准则判断发布警情。

历史记录：保存水样识别的历史记录，包括识别时间、识别结果、判别指标、水样说明等内容。

系统设置：设置系统时间/日期、校准触摸屏、数据同步、电极校准和光谱测量校准。

1）指标检测功能设计

在主界面中，点击"指标检测"，进入指标检测—选择检测指标界面，如图 4-38 所示。

当用户选好要测量的指标时，点击"确定"，进入水源样品指标测量界面，如图 4-39 所示。在指标检测中，不限制指标的选择个数。

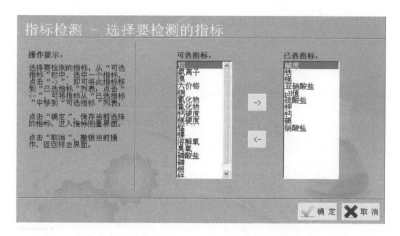

图4-38 指标检测—选择要检测的指标界面

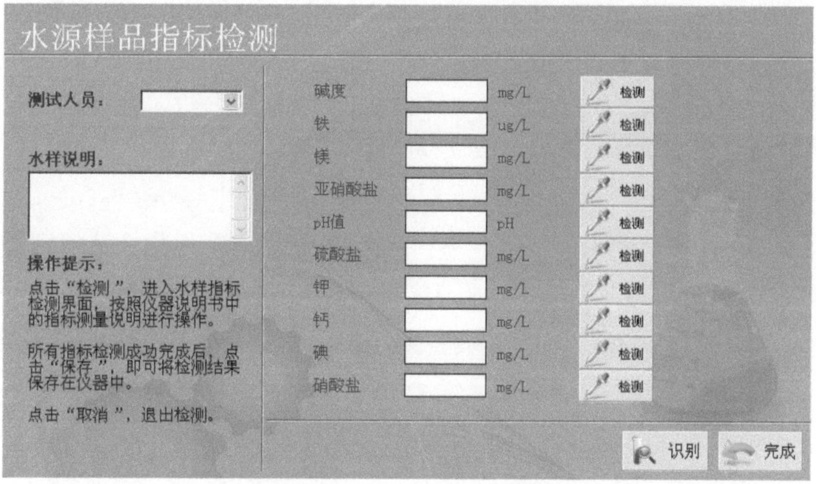

图4-39 水源样品指标检测界面

　　点击"检测"，按照指标的测量方法来测量含量。用户测试完成后，点击"完成"，界面提示用户是否保存此次测量结果。选择"是"，将此次测量数据保存到历史记录，否则，返回至起始界面。若仪器中已经建好水源样品库，用户可在判别指标含量测量完成后，直接识别所测水样的水源类型，并可以依据预警准则报警。

2）样品库管理功能设计

在主界面中点击"样品库管理"，则进入样品库管理界面（图4-40）。

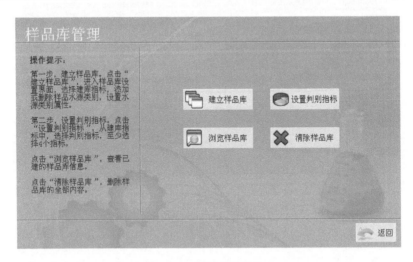

图4-40　样品库管理界面

（1）选择建库指标。点击"建立样品库"，进入"样品库设置—选择建库指标"界面，如图4-41所示。从"可选指标"列表中选中建库指标，点击"→"，将建库指标移到"已选指标"列表中；点击"←"，将建库指标从"已选指标"栏中移出，"已选指标"列表中的所有指标即为建库指标。

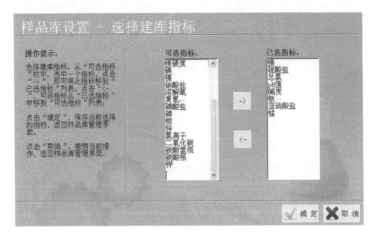

图4-41　选择建库指标界面

（2）水源样品库的设置。根据实际需要，可自主确定样品水源类别的数量、名称等属性，样品库设置界面如图 4-42 所示。默认状态下包含老空水、顶板砂岩水、底板砂岩水、奥灰水、本溪灰岩水、第四系水共 6 种样品水源类型。可根据需要对样品水源类型进行设置，也可将不用的样品水源类别删除；如需要添加新的样品水源类别，可点击"添加新类别"键。

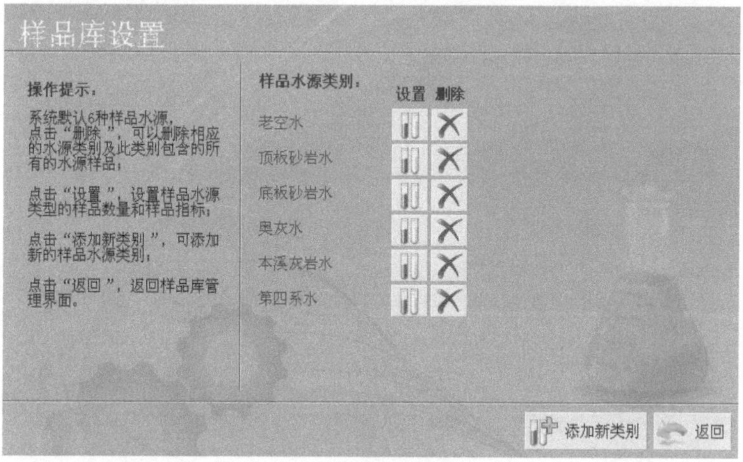

图 4-42 样品库设置界面

点击"设置"键，设置每种水源的属性，下面以设置顶板砂岩水的属性为例，介绍具体操作步骤。

点击顶板砂岩水对应的"设置"键，弹出设置属性界面，界面如图 4-43 所示。默认状态下，每种样品水源类型包含 4 个水样样品。如需添加新的水源样品，只需点击"添加新样品"；如需删除多余的水源样品，只需点击"删除"。点击样品说明下面的空白框，可对该样品进行编辑。

点击第一个样品对应的"设置"键，弹出建库指标的测量界面（图 4-44）。

点击指标后面的"检测"键，可测量该指标的含量。例如，点击镁对应的检测键，弹出镁测量界面，如图 4-45 所示。

（3）判别指标的选择。在样品库管理界面，点击"设置判别指标"键，进入选择判别指标界面，如图 4-46 所示。

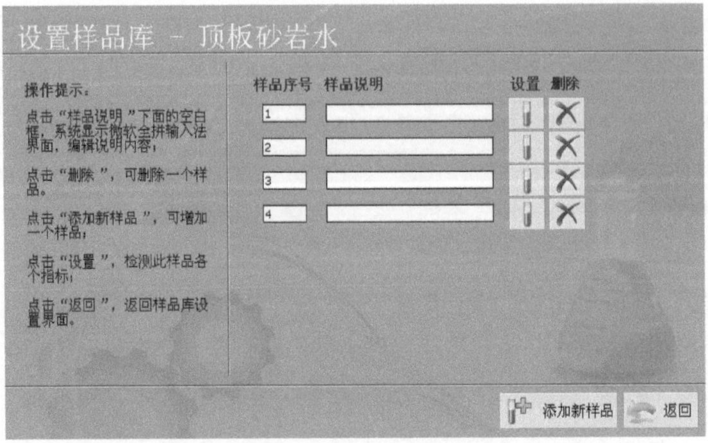

图 4-43　设置顶板砂岩水界面

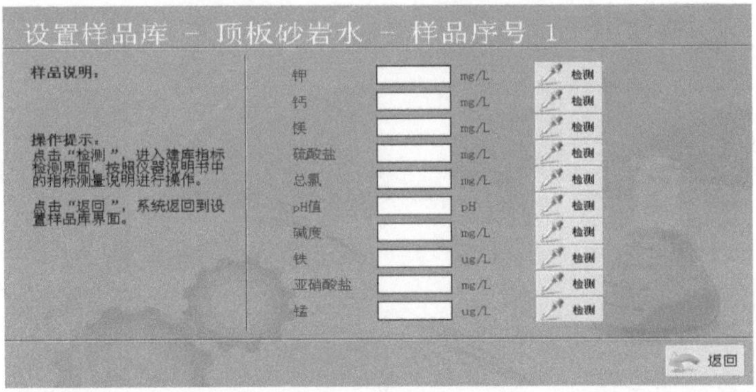

图 4-44　建库指标测量界面

图 4-45　Mg^{2+} 指标测量界面

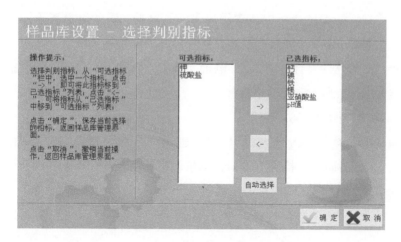

图 4-46 选择判别指标界面

用户可点击"自动选择"键，由系统完成判别指标的选择；也可手动选择，从可选指标栏中，选择判别指标，点击"→"键，将该指标移动到已选指标栏中，该指标即被选择判别指标；从已选指标栏中选中某一个指标，点击"←"，可将已选的判别指标删除。判别指标选完后，点击"确定"键，返回起始界面；若用户选择的判别指标不适合水源样品库，系统自动弹出提示界面，提示用户选择的判别指标不合适，建议重新选择（图 4-47）。

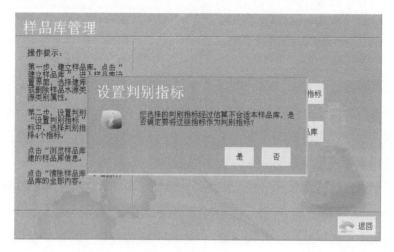

图 4-47 提示界面

105

若用户选择的建库指标中包含钙离子、氯离子、碳酸氢根离子、碳酸根离子、二氧化碳和 pH 值，测量它们的含量时，分别采用钙离子复合电极、氯离子复合电极、二氧化碳复合电极和 pH 电极。其中，碳酸氢根离子、碳酸根离子和二氧化碳都采用二氧化碳复合电极测量。

3）水源识别及预警功能设计

在系统主界面中点击"水源识别"，进入"水源快速识别"界面（图 4-48）。点击指标后面的"检测"按钮，测量该指标的含量，每个判别指标均测量三组数据。

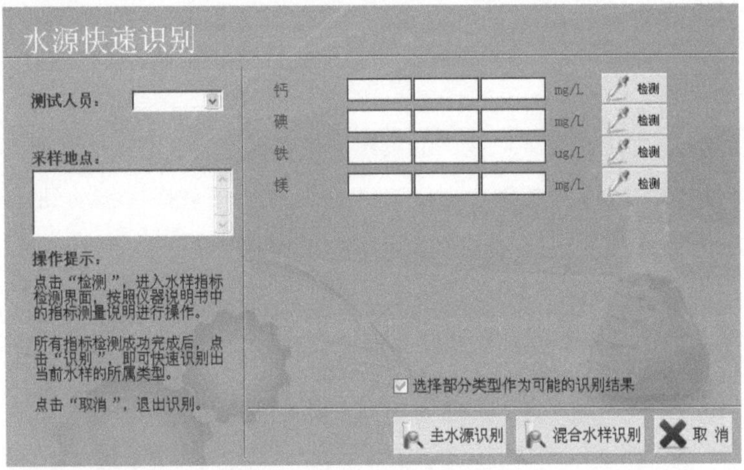

图 4-48　水源快速识别界面

所有判别指标测完后，点击"主水源识别"键，用来识别所测水样的水源类型。如果所测水样是多种水源类型的混合水样，主水源识别结果显示被测水样可能为混合水样，并提示用户该混合水样的主水源类型，如点击"混合水源识别"则给出水源的类型以及每种类型的大致比例。

同时根据识别结果和水化学预警准则进行判断是否有警情，如果有则报警。

4）系统设置功能设计

在系统主界面中点击"系统设置"，进入"系统设置"界面，如图 4-49 所示。在该界面中可以进行系统日期/时间设定、触摸屏校准、电极校准、光谱测量校准等操作。

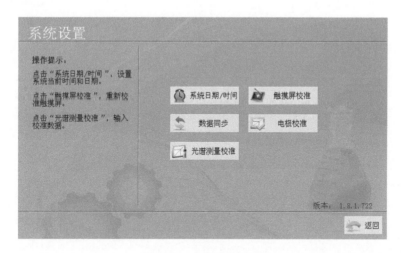

图 4-49　系统设置界面

5）历史记录功能设计

在系统主界面中点击"历史记录"，进入"历史记录"界面，如图 4-50 所示。

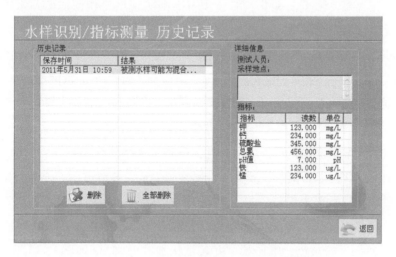

图 4-50　历史记录界面

在该界面中可以查看保存的水样识别的历史记录，包括识别时间、识别结果、判别指标等内容。

第五章 矿井水害监测预警系统现场应用实例

第一节 赵庄矿5303回采工作面底板电法监测预警

一、地质概况

以晋煤集团赵庄煤矿5303回采工作面为监测预警对象，适时监测该工作面回采期间底板视电阻率的变化，结合预警准则实现该工作面的矿井水害监测预警，确保工作面安全回采。

赵庄煤矿5303工作面位于五盘区，东北侧为5102巷、5105巷、5103巷、5101巷与5104巷，已掘；西北侧为5302工作面，已回采；东南侧为5316工作面，已掘进，未回采。5303工作面长2900 m，倾斜长220 m，煤层平均厚度为4.6 m，平均倾角为6°。煤层伪顶为砂质泥岩（图5-1），厚0.95 m，深灰色，中厚层状，含丰富植物化石，部分炭化，坚硬。直接顶为中粒砂岩，厚6.70 m，灰色，中厚层状，以石英、长石为主，斜裂隙少量发育，方解石充填，坚硬，小型交错层理。基本顶为粗粒砂岩，厚4.15 m，浅灰色，中厚层状，以石英、长石为主，局部含包体，裂隙少量发育，方解石充填，交错层理。直接底为粉砂岩，厚8.23 m，深灰色，厚层状，夹条带状细砂泥岩，小型交错层理，含植物化石，贝壳状断口，半坚硬。工作面从开切眼至距开切眼1091 m、距开切眼1834 m至距开切眼2123 m处均见煤层分叉现象，煤层分叉后煤线与主煤层较稳定。煤层节理总体较为发育，主要有两个方向，走向分别为45°~60°、135°~

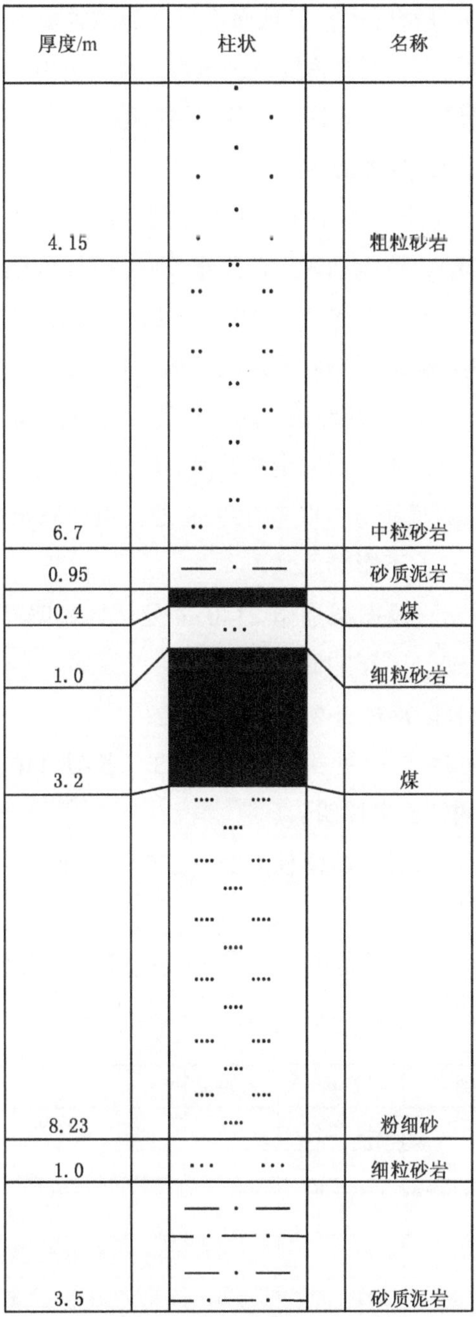

厚度/m	柱状	名称
4.15		粗粒砂岩
6.7		中粒砂岩
0.95		砂质泥岩
0.4		煤
1.0		细粒砂岩
3.2		煤
8.23		粉细砂
1.0		细粒砂岩
3.5		砂质泥岩

图 5-1　5303 工作面煤层结构图

150°，45°~60°方向节理密度大，节理面平直，裂隙紧密无充填，其他方向节理延伸短，节理面不够平直，发育密度及规范性不强。巷道顶板裂隙、节理处均有不同程度的破碎、离层、塌矸冒顶，巷帮煤层裂隙、片帮。

揭露陷落柱有5个，具体为：

（1）53031巷距二阶段撤架通道1653 m处，揭露陷落柱JX35（长轴210~220 m，短轴85~90 m），影响回采走向距离80~85 m，倾向距离5~10 m。

（2）53031巷距二阶段撤架通道505 m处，揭露陷落柱JX32（长轴130~140 m，短轴100~110 m），影响回采走向距离110~120 m，倾向距离25~30 m。

（3）53031巷距二阶段撤架通道260 m处，揭露陷落柱JX30（长轴150~160 m，短轴70~80 m），影响回采走向距离60~70 m，倾向距离10~15 m。

（4）二阶段撤架通道距53033巷195 m处，揭露陷落柱JX25（长轴105~110 m，短轴45~50 m），不影响回采。

（5）53031巷距二阶段撤架通道2140 m处，揭露陷落柱JX28（长轴90~100 m，短轴80~90 m），不影响回采。

三维地震勘探解释陷落柱有2个，具体为：

（1）距开切眼174.5 m处，陷落柱GX3（长轴110~115 m，短轴65~70 m），位于工作面内部，未探明。

（2）距开切眼650 m处，陷落柱GX5（长轴50~60 m，短轴40~50 m），位于工作面内部，未探明。

工作面开切眼至撤架通道范围内揭露断层17条，见表5-1。

表5-1　5303工作面巷道揭露断层

序号	断层名称	性质	产状	落差/m	揭露位置
1	F379	正	340°∠70°	1.5	二阶段撤架通道距53033巷116 m处
2	F359	正	219°∠80°	8	53033巷距二阶段撤架通道1496 m处
3	F370	正	55°∠70°	5.0	53033巷距二阶段撤架通道1838 m处
4	F374	正	5°∠65°	3.0	53033巷距二阶段撤架通道1921 m处
5	F375	正	342°∠65°	4.0	53021巷距二阶段撤架通道2006 m处
6	F383	正	23°∠56°	4.0	53021巷距二阶段撤架通道2220 m处

表 5-1(续)

序号	断层名称	性质	产状	落差/m	揭露位置
7	F386	正	50°∠56°	1.1	5303 尾巷距 53021 巷 10 m 处
8	F389	正	308°∠56°	1.8	5303 尾巷距 53021 巷 233.5 m 处
9	F381	正	220°∠67°	2.0	工作面开切眼距 53033 巷 132 m 处
10	F385	正	39°∠79°	1.5	工作面开切眼距 53031 巷 13 m 处
11	F417	正	347°∠75°	2.0	53031 巷距二阶段撤架通道 1116 m 处
12	F430	正	17°∠80°	1.8	53031 巷距二阶段撤架通道 1524 m 处
13	F425	正	331°∠70°	1.6	53031 巷距二阶段撤架通道 1808 m 处
14	F422	正	30°∠80°	2.0	53031 巷距二阶段撤架通道 1861 m 处
15	F393	正	240°∠75°	7.5	53032 巷距二阶段撤架通道 226 m 处
16	F410	正	50°∠85°	2.0	53032 巷距二阶段撤架通道 641 m 处
17	F428	逆	356°∠80°	3~4	5303 回风联络巷距尾巷 115 m 处

二、关键监测预警区域确定及系统配置

1. 关键监测预警区域确定

5303 回采工作面主要充水水源有 K 砂岩水、K_8 砂岩水、底板 K_5 灰岩水和奥灰水。其中，K 砂岩含水层、K_8 砂岩含水层补给条件较差，以静储量为主，水量不大，易于疏干；K_5 灰岩较薄，渗透系数为 0.011~0.023 m/d，属裂隙岩溶承压弱含水层，对矿井威胁不大。能引发突水事故的只有奥灰水，然而根据 5303 工作面内及附件的钻孔揭露，奥灰至工作面底板的隔水层厚度为 119.04~155.8 m，平均140.42 m，突水系数为 0.007~0.022，平均 0.014（表 5-2），所以正常情况下不存在奥灰突水风险。但由于该工作面断层、陷落柱发育，同时该工作面也属于带压开采，还需采取一定的防治水措施（如矿井水害监测预警系统）以防治水害事故的发生，本次监测预警的范围为 5303 工作面二阶段开切眼至停采线。

表 5-2　5303 回采工作面内及周边主要钻孔数据

钻孔编号	奥灰顶面标高/m	奥灰水位标高/m	底板标高/m	隔水层厚度/m	突水系数/(MPa·m⁻¹)
1002	417.73	671	573.53	155.8	0.016
1201	570.99	653	690.03	119.04	0.007

表 5-2(续)

钻孔编号	奥灰顶面标高/m	奥灰水位标高/m	底板标高/m	隔水层厚度/m	突水系数/(MPa·m⁻¹)
1203	410.04	700.79	540.6	130.56	0.022
1402	555.54	660	710.49	154.95	0.007
1403	452.34	700	592.46	140.12	0.017
1605	517.45	682	649.45	132	0.012
1606	438.76	701	589.24	150.48	0.017

为进一步确定 5303 工作面水害监测预警系统的布置方案，利用矿井水害预警辅助系统对工作面重点突水监测部位进行分析评价。由于奥灰含水层富水性一般较强，且缺乏足够的富水性数据，同时 5303 工作面内没有封闭不良钻孔，因此在评价指标中只选择了奥灰水压、隔水层厚度、断层影响指数、陷落柱影响指数 4 个评价指标。

将 cad 格式的监测预警区域导入矿井水害预警辅助系统中，然后分别生成断层、陷落柱和钻孔 3 种 shape 文件，然后利用系统的矢量化功能分别在上述 shape 文件中矢量化钻孔、断层和陷落柱，如图 5-2 所示。

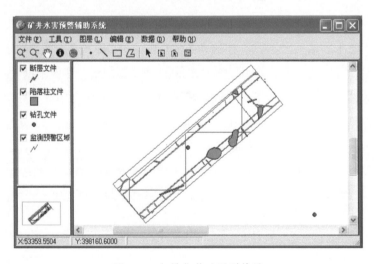

图 5-2 矢量化基础图形结果

由于陷落柱不是近圆形，因此陷落柱 shape 文件的 L 字段通过式（4-1）计算，钻孔文件中 GSMYHD 和 SYZS 分别利用钻孔数据计算，然后生成评价点文件，评价点与评价点的间隔为 10 m（图 5-3），评价点文件中每个评价点 SYZS、GSMY-HD 两个指标，利用钻孔数据文件以及克里格插值方法生成；每个评价点的 DCZS 和 XLZZS 字段是利用系统的空间分析功能结合第四章的相关算法和公式求出。

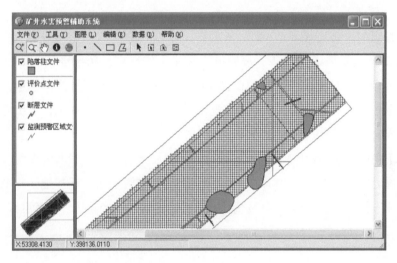

图 5-3　评价文件生成界面

系统根据评价点相关字段属性内容，自动设计 3 层 BP 人工神经网络模型，输入层有 4 个神经元，分别代表评价点的 GSMYHD、SYZS、DCZS、XLZZS，隐含层 10 个神经元，输出层一个神经元，代表评价点的危险性指数，其输出范围为 0.0~1.0 之间，实现突水危险性区域划分，然后利用 surfer 生成等值线，圈定重点监测区域，如图 5-4 所示。

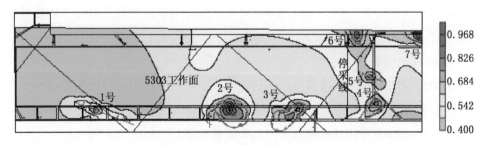

图 5-4　关键监测预警区域分布图

从图 5-4 中可以看出，相对突水危险性较高的区域有 7 处，分别为 1 号区、2 号区、3 号区、4 号区、5 号区、6 号区和 7 号区，其中 4 号区、5 号区、6 号区和 7 号区位于停采线以外，所以本次关键监测预警区域为 1 号区、2 号区和 3 号区，这三处也是断层和陷落柱发育区域。

2. 监测预警系统现场布置及预警准则设定

在晋煤集团赵庄煤矿 5303 回采工作面底板巷道布置一台电法采集工作站、2200 m 的电法采集串联装置，按照电法采集工作原理，布设电极，通过电极控制器来控制电极开关，按照地面监控主机的指令来实现现场数据的采集。工作面安装示意图如图 5-5 所示。其中：将电法采集主机悬挂于 5303 工作面 1 号横穿向开切眼方向 60 m 位置，主供本安电源由 127V 综保开关供电；电法采集控制串联装置布置于主机摆放位置以里 2000 m 的区域，挂设于巷道行走帮的电缆挂钩上，与矿用主供电电缆间距大于 10 cm，电极完全被砸入巷道底板，以接地线与电极控制串联装置进行连接，对底板 80 m 范围内煤岩层的富水性变化进行实时可视化监测。

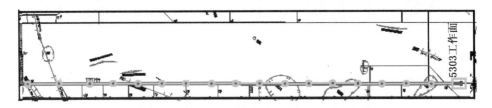

图 5-5　5303 工作面水害监测预警现场布置示意图

由于本次监测预警经费的限制，没有进行化学预警，在物理监测预警中也主要采取视电阻率适时监测，而没有埋设相关传感器，因此本次监测预警中关键监测预警区域采取的策略为：工作面采动影响范围进入重点监测区域时，数据采集频率加大，多次进行监测预警。

3. 定性预警准则

监测位置底部电阻率持续降低，且范围逐渐增加，则表明目标水源逐渐向采煤工作面渗流，有突水危险，需发布警情。警情标准为：视电阻率持续降低为一般报警，视电阻率降低且范围逐渐增加为紧急报警。

断层、陷落柱、封闭不良钻孔等导水通道视电阻率持续降低，降低区域向工作面或目标含水层扩展，则表明在采动影响下目标含水层的水沿着导水通道向工作面渗流，需要发布警情。

4. 定量预警准则

5303 工作面底板隔水层厚度较厚，平均 140.42 m，基于薄板理论的底板突水定量预警准则不适用，因此本次监测预警的定量预警准则采用式（3-14）和式（3-15）。

三、监测预警结果

2013 年 11 月，系统安装调试成功后，即进行工作面底板富水情况的实时、可视化监测，系统监测界面如图 5-6 所示，初始监测异常区域如图 5-7 所示。

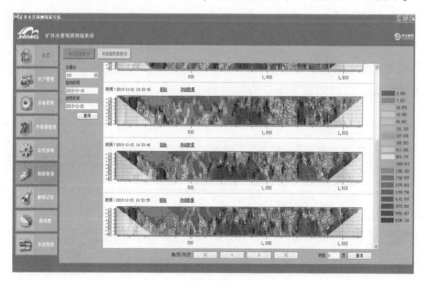

图 5-6　监测预警系统可视化界面

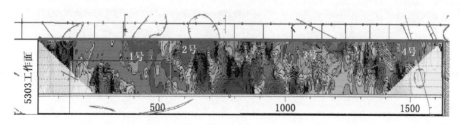

图 5-7　矿井水害预警系统异常区显示界面

1号异常区位于 JX30 陷落柱附近，2 号异常区位于 JX32 陷落柱附近，3 号异常区位于 F417 断层附近，4 号异常区具体位置在 10 横穿和 11 横穿之间，以上 4 个异常区都和构造有一定联系，分析可能是由于构造引起的裂隙带富水，水量较小，为静储量，该分析经过现场探放水工作验证。

底板可视化预警系统全天 24 h 进行不间断监测。系统安装后，2013 年 11 月初开始正常运行至 2014 年 12 月底，共进行了 12 个月的监测（除 2014 年 2 月矿方停止回采，进行"起底"作业，影响系统运转一个月），实时监测结果如图 5-8~图 5-20 所示。

通过 2013 年 11 月至 2014 年 12 月监测数据对比可知，在工作面回采过程中，1 号、2 号、3 号、4 号低阻异常区，由于采动的影响视电阻率出现过持续下降，但发育范围基本没有扩展，因此系统只出现过一般报警，经过技术人员的现场分析认为突水风险不大，并解除了警报。整个监测过程没有触发定量预警准则，没有出现蓝色预警、黄色预警和红色预警。系统的监测结果和现场相吻合，说明本矿井突水监测预警系统具有一定的实用性。

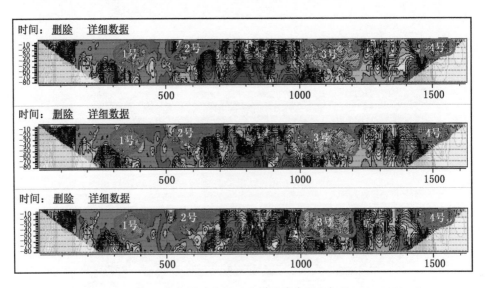

图 5-8 2013 年 11 月监测对比图（监测区域为距开切眼 500~2200 m）

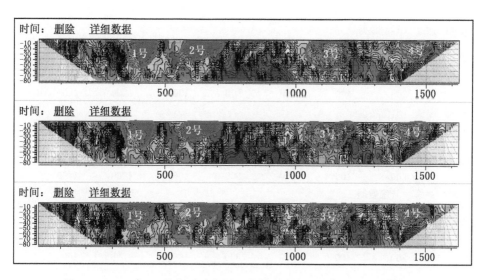

图 5-9 2013 年 12 月监测对比图（监测区域为距开切眼 600~2200 m）

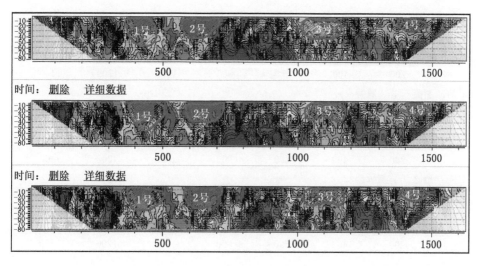

图 5-10 2014 年 1 月监测对比图（监测区域为距开切眼 650~2200 m）

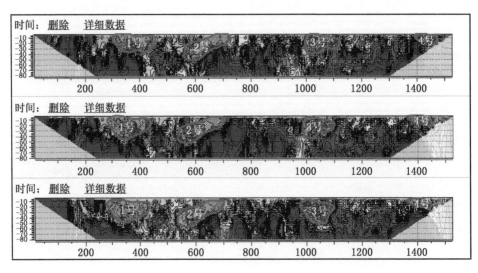

图 5-11 2014 年 3 月监测对比图（监测区域为距开切眼 700~2200 m）

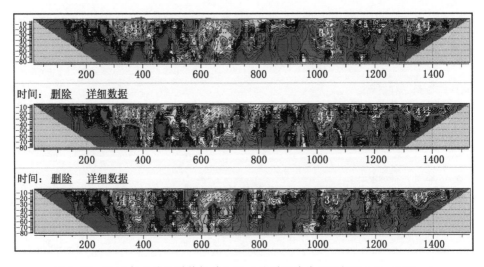

图 5-12 2014 年 4 月监测数据对比图（监测区域为距开切眼 750~2200 m）

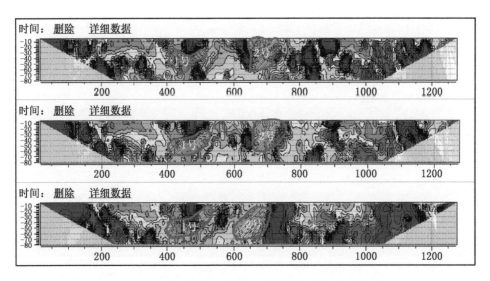

图 5-13　2014 年 5 月监测数据对比图（监测区域为距开切眼 850~2200 m）

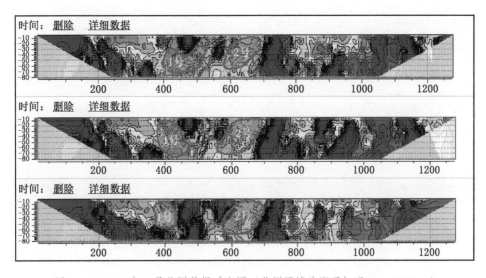

图 5-14　2014 年 6 月监测数据对比图（监测区域为距开切眼 900~2200 m）

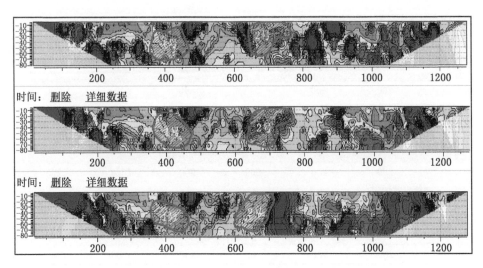

图 5-15　2014 年 7 月监测数据对比图（监测区域为距开切眼 950~2200 m）

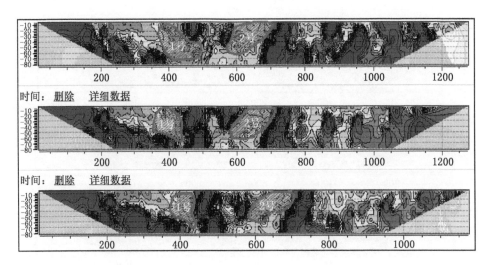

图 5-16　2014 年 8 月监测数据对比图（监测区域为距开切眼 1000~2200 m）

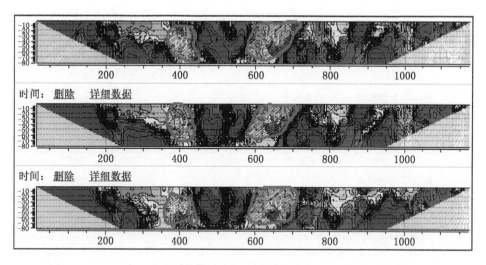

图 5-17 2014 年 9 月监测数据对比图（监测区域为距开切眼 1000~2200 m）

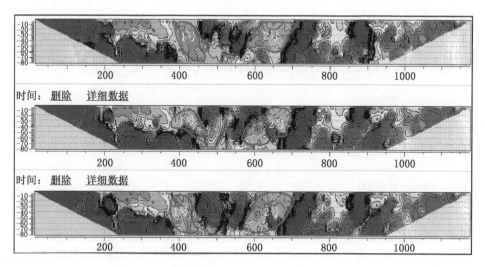

图 5-18 2014 年 10 月监测数据对比图（监测区域为距开切眼 1100~2200 m）

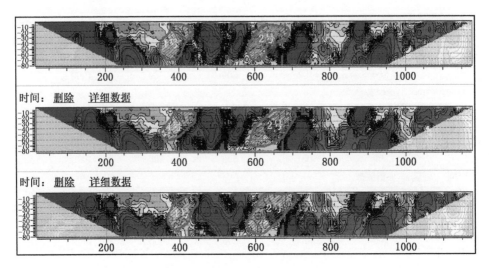

图 5-19　2014 年 11 月监测数据对比图（监测区域为距开切眼 1200~2200 m）

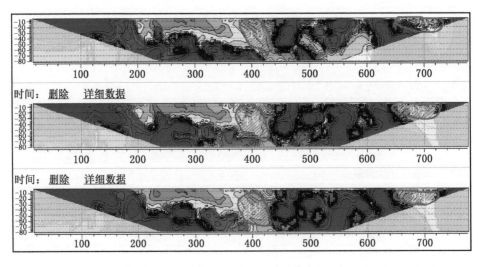

图 5-20　2014 年 12 月监测数据对比图（监测区域为距开切眼 1300~2200 m）

第二节 太原东山煤矿 51523 工作面底板
单点多参数监测预警

一、地质概况

51523 工作面北为 515 回风下山，南为 F16 断层，西为未采区，东为 51521 采空区，上覆为 51217 工作面采空区和 51218 工作面采空区，层间距为 40 m 左右。工作面走向长 566~584 m，平均 575 m，倾斜长度为 140 m，15 号煤层平均厚度为 7.45 m，倾角为 8°~20°。伪顶为砂质泥岩，厚度 0.55 m，深灰色，节理面充填钙质薄膜；直接顶 L1 石灰岩厚度为 0.072 m，浅灰色，质纯，有次生黄铁矿；基本顶砂质泥岩厚度为 4.72 m，深灰色，钙质较多，性脆，裂隙发育。直接底泥岩厚度为 0.33 m，灰黑色，致密，断口平整光滑；基本底中粒砂岩厚度为 12.44 m，浅灰色，长石、石英砂岩，节理较好，中下部含铁质鲕状结构（图 5-21）。

	4.72	砂质泥岩	深灰色，钙质较多，性脆，裂隙发育
	0.72	石灰岩	深灰色，质纯，坚硬，有次生黄铁矿
	0.55	砂质泥岩	深灰色，节理面充填钙质薄膜
0.10			
	7.45	15号煤层	结构为：1.05(0.10)6.30
	0.33	泥岩	灰黑色，致密，断口平整光滑
	12.44	中粒砂岩	浅灰色，长石、石英砂岩分选较好，中下部含铁质鲕状结构

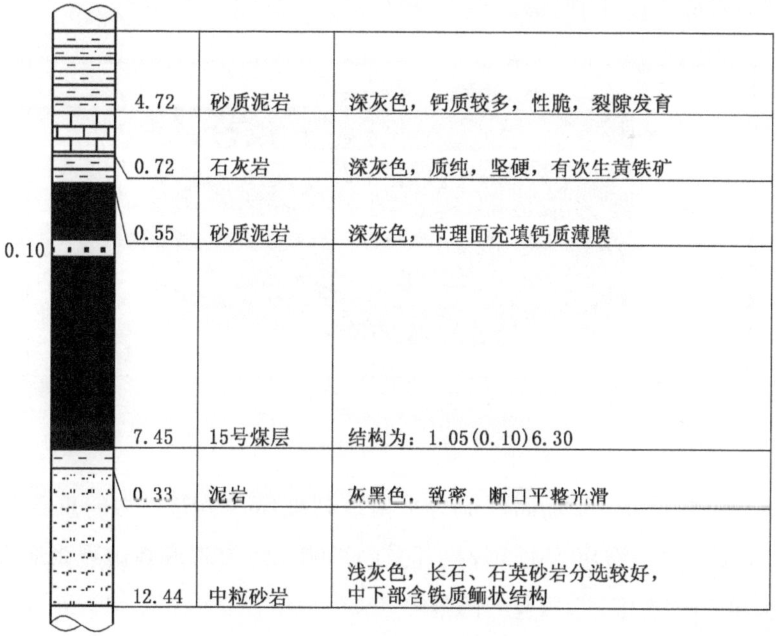

图 5-21 矿井 15 号煤层小柱状图

51523 工作面构造比较简单，据现有资料分析，该工作面影响掘进的断层有两条，分别为 $H=1.5$ m∠45°和 $H=0.8$ m∠48°的逆断层（表5-3）。

表5-3　工作面51523主要断层特征

构造名称	走向	倾向	倾角	性质	落差/m
F1	210°	300°	45°	逆断层	1.5
F2	205°	295°	48°	逆断层	0.8

该工作面主要充水因素为 L1 灰岩裂隙水以及东部 51521 工作面采空区积水。该区域属带压开采，奥灰承压水压力最大为 1.6MPa 左右。

二、51523 工作面煤层开采底板破坏深度数值模拟分析

为有效防治奥灰水突水，矿井灾害预警系统布置在了煤层的底板，适时监测奥灰水的导升情况及对底板隔水层的影响。并用 Flac3D 对 51523 工作面煤层开采底板破坏深度进行了数值模拟分析以确定传感器的埋藏深度。根据 51523 工作面工程地质概况，设计了 Flac3D 三维概化模型，如图 5-22 所示。

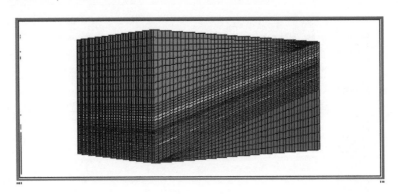

图 5-22　计算立体模型

随着煤层的开采，采场周围应力平衡遭到破坏，引起应力的重新分布（图5-23），从图上可以看出，由于煤层开采的影响，煤层顶底板出现张应力，并且在煤壁前方 5 m 作用应起压应力的集中。

煤层底板由于应力释放，在底板上部出现张应力，并且在底板水压的影响

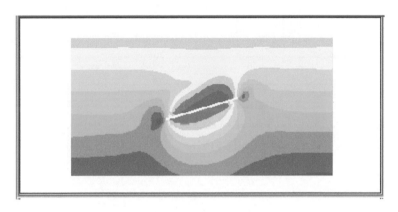

图 5-23 采后 SZZ 分布图

下，底板将出现破坏。煤层开采影响底板塑性区域分布如图 5-24 所示。根据模拟分析，在煤层开采过程中，煤层底板破坏深度约 16 m。同时考虑到岩体效应的影响，破坏深度可能达到 20 m，再加上 15 m 的安全保护隔水层，因此传感器应安置在煤层底板垂深 35 m 处。

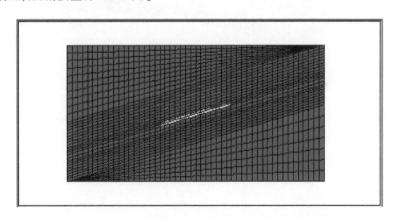

图 5-24 煤层开采影响底板塑性区域分布图

三、钻孔布设及传感器安装

为了不影响生产，将预警监测钻孔布设在钻窝内。根据和现场地质工作人员交流，钻窝设置于 51523 工作面距离开切眼 180 m 处，如图 5-25 所示。

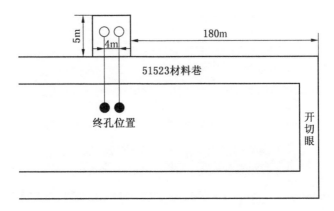

图 5-25　钻窝与钻孔布置平面图

钻窝的尺寸为 5 m×4 m×3 m（长×宽×高）。孔口低于底板 20 cm。在钻窝内施工 2 个钻孔，终孔间距不小于 1~1.5 m。孔深都为 50 m。钻孔天顶角为 30°，向煤壁内倾斜。钻孔剖面如图 5-26 所示。

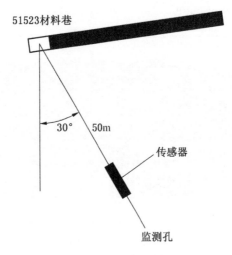

图 5-26　钻孔布置剖面图

钻探要求：φ89 mm 孔径至终孔，成孔后要洗孔，清除孔内岩粉，如钻孔出现涌水，为保证传感器安装质量应进行注浆封堵，然后再重新扫孔至预定深度，钻孔完成后要用木塞或加盖封堵，防止异物充填。

每个观测孔安装应力、应变传感器及水压—温度传感器各一个。安装顺序为从下到上为水压—温度传感器、应力、应变传感器。安装步骤为：

（1）在钻孔底放置约 20 cm 砂子，然后用传送杆将水压—温度传感器放至孔底，再在上面覆盖 40 cm 砂子，再放置约 40 cm 胶泥用探杆捣实，以防止上部水泥浆渗入。

（2）注入 40 cm 水泥浆，然后将应力传感器插入水泥浆内，并用传送杆控制传感器导向板与煤层巷道平行。

（3）将应变传感器安置在应力传感器上部，调整好方向，用注浆管注入水泥浆，注浆管应尽量接近传感器，使水泥浆液置换出钻孔水，以保证应力、应变传感器周围水泥浆凝结致密（图 5-27）。

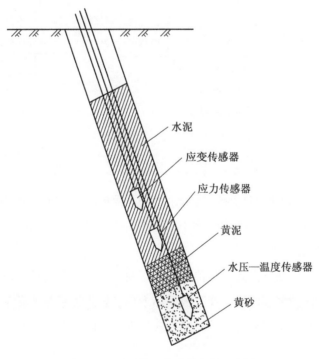

图 5-27　监测钻孔传感器安装示意图

（4）将各传感器接线器同多芯信号电缆接线器相连接，并连接到井下分站接线盒与井下分站相通。

127

（5）传感器安装连接完毕后，须注意应在回采冒顶可能损坏电缆的位置应采取保护措施，如在钻孔处打木垛，使冒顶塌落的煤岩不会损坏电缆，用编织袋装砂土浮煤堆放在钻孔口，确保监测期间电缆完好。

四、矿井水灾预警系统现场布置

系统由地面中心站、井下分站、信号传输电缆和用于底板监测的不同类型传感器等硬件以及相应应用软件组成，其结构如图 5-28 所示。地面中心站具有底板突水信息处理软件，可通过通信系统对井下分站下达校对内部时钟、巡回监测、传输数据、清理数据、自动定时检测等指令，并可对接收到的监测数据根据参数数据进行计算处理，将电信号值转换为各传感器物理数据，并可自动生成历时曲线。

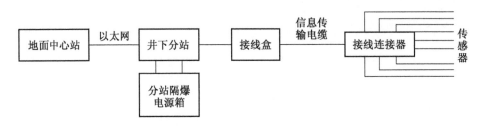

图 5-28　矿井水灾预警系统连接示意图

井下分站采用矿用直流多路不间断电源供电电源，监测期间仪器在井下不间断连续工作，要求井下电网能够连续供电，尽量不停电或少停电，停电时间不超过 8 h。

井下分站每 10 min 对各传感器自动巡检一次，并对检测数据以及检测日期、时间进行存储。

井下分站安置在风门处，与传感器之间通过多芯电缆连接。由于回采过传感器埋设钻窝，保护多芯信号电缆不被损坏十分必要。传感器埋设钻孔和分站之间的信号电缆应穿入废旧铁管，并深埋于底板下 30 cm，以保护电缆完好。

五、现场监测数据

该系统已于 2010 年 1 月 25 日开始试运行，并于 2010 年 6 月 29 日结束监测，整个过程系统运行比较稳定。矿井灾害预警系统保存振弦式传感器监测的原始数据和经过转换形成的突水预警指标数据（包括水温、水压、应力增量等相关数据）。图 5-29 所示为振弦式传感器监测的原始数据，图 5-30 所示为计算结果数据，图 5-31 所示为系统显示预警指标数据和其对应的曲线。从整个监测过程来

BGKMicro40A_01 ：表

Date	Time	CH1_1	CH1_2	CH2_1	CH2_2	CH3_1
2010-2-1	16:50:00	2855.5	4800.85	2881.17	4881.16	2057.0
2010-2-1	17:00:00	2855.58	4801.87	2881.22	4881.41	2057.0
2010-2-1	17:10:00	2855.66	4801.86	2881.18	4882.31	2057.0
2010-2-1	17:20:00	2835.09	4802.61	2876.1	4883.54	2057.0
2010-2-1	15:10:00	2855.6	4789.43	2881.05	4869.82	2056.8
2010-2-1	17:40:00	2855.48	4802.65	2881.08	4882.71	2057.0
2010-2-1	13:30:00	2855.54	4804.5	2881.15	4884.52	2057.
2010-2-1	17:50:00	2855.45	4803.42	2881.18	4883.46	2057.0
2010-2-1	17:30:00	2855.44	4802.46	2881.14	4882.32	2057.0
2010-2-1	13:20:00	2855.44	4804.11	2881.28	4885.48	2056.9
2010-2-1	21:50:00	2855.54	4803.98	2881.2	4885.06	2057.0
2010-2-1	18:00:00	2855.34	4803.48	2881.06	4883.12	2057.0
2010-2-1	12:20:00	2855.57	4803.99	2881.05	4885.29	205
2010-2-1	12:30:00	2855.83	4803.97	2881.24	4884.37	2057.0
2010-2-1	12:40:00	2855.63	4804.45	2881.21	4885.25	2056.9
2010-2-1	12:50:00	2855.54	4804.09	2881.22	4884.04	2057.1
2010-2-1	13:50:00	2855.67	4797.38	2881.08	4877.11	2056.8
2010-2-1	13:10:00	2855.29	4803.49	2881.21	4884.14	2057.0
2010-2-1	15:00:00	2855.53	4792.47	2881.2	4871.88	2056.8
2010-2-1	13:40:00	2855.72	4828.43	2881.24	4884.49	2057.0
2010-2-1	14:00:00	2855.56	4794.86	2881.18	4876.51	2056.7

记录：15　共有记录数：32890

图 5-29　振弦式传感器监测的原始数据

BGKMicro40A_01 ：表

Date	Time	CH1_1	CH1_2	CH2_1	CH2_2	CH3_1	CH3_2	CH4_1	CH4_2
2010-2-1	23:10:00	.5	14.5	.5	14.2	4231.6	0	4239.2	0
2010-2-1	23:20:00	.5	14.5	.5	14.2	4231.4	0	4239.4	0
2010-2-1	23:30:00	.5	14.5	.5	14.2	4231.6	0	4239.6	0
2010-2-1	23:40:00	.5	14.5	.5	14.2	4231.8	0	4239.1	0
2010-2-1	23:50:00	.5	14.5	.5	14.2	4231.4	0	4239.2	0
2010-2-1	5:20:00	.5	14.5	.5	14.2	4231.6	0	4239.5	0
2010-2-1	5:30:00	.5	14.5	.5	14.2	4231.5	0	4239.2	0
2010-2-1	15:00:00	.5	14.6	.5	14.2	4230.6	0	4238.9	0
2010-2-1	22:30:00	.5	14.5	.5	14.2	4231.4	0	4239.5	0
2010-2-1	21:30:00	.5	14.5	.5	14.2	4231.2	0	4239.2	0
2010-2-1	1:20:00	.5	14.5	.5	14.2	4231.4	0	4239.3	0
2010-2-1	1:30:00	.5	14.5	.5	14.2	4231.4	0	4239.3	0
2010-2-1	1:40:00	.5	14.5	.5	14.2	4231.3	0	4239.2	0
2010-2-1	1:50:00	.5	14.5	.5	14.2	4231.5	0	4239.4	0
2010-2-1	2:00:00	.5	14.5	.5	14.2	4231.6	0	4239.4	0
2010-2-1	2:10:00	.5	14.5	.5	14.2	4231.4	0	4239.4	0
2010-2-1	2:20:00	.5	14.5	.5	14.2	4231.2	0	4239.3	0
2010-2-1	2:30:00	.5	14.5	.5	14.2	4231.5	0	4239	0
2010-2-1	2:40:00	.5	14.5	.5	14.2	4231.5	0	4239.3	0
2010-2-1	4:10:00	.5	14.5	.5	14.2	4231.5	0	4239.5	0
2010-2-1	21:20:00	.5	14.5	.5	14.2	4231.6	0	4239.4	0
2010-2-1	4:00:00	.5	14.5	.5	14.2	4231.5	0	4239.4	0
2010-2-1	21:40:00	.5	14.5	.5	14.2	4231.5	0	4239.2	0

记录：1　共有记录数：47071

图 5-30　计算结果数据

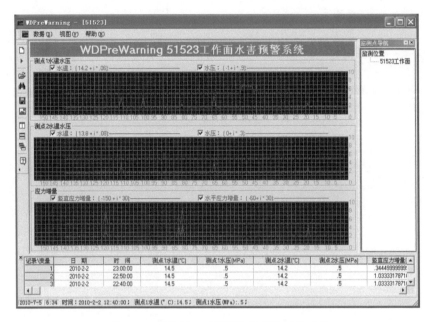

图 5-31　系统显示预警指标数据和对应曲线

看，监测点水压在 0.5 MPa 左右，水温为 14.2~14.5 ℃，水平应力增量和竖直应力增量没有出现异常，整个监测过程没有出现矿井突水警情。

第三节　荆各庄煤矿 1196F 工作面断层活化监测预警

一、地质概况

1196F 综采工作面位于东一采区一水平，工作面标高 -250.00~-297.53 m，地面标高为 +23.6~+26.1 m，主采煤层为 9 煤，该煤层为复合结构煤层，煤层厚度不稳定，总厚 0.8~9.0 m，平均煤厚 7.37 m，煤层倾角为 3°~10°，平均倾角为 6°，煤层产状及煤厚变化较大。在工程地质条件方面，9 煤直接顶岩性为粉砂岩，致密均一，细腻有滑感，含层状菱铁质矿物，厚度为 9.65 m，抗压强度为 43.5 MPa，抗拉强度为 3.15 MPa。基本顶岩性为细砂岩，浅灰色~灰白色，内含灰褐色细砂岩条带，水平层理，植物化石成层分布，厚度为 14.94 m，抗压强度为 50.2 MPa，抗拉强度为 2.83 MPa。直接底岩性为泥岩，浅黑~深灰色，块状含菱铁质结核，厚度为 9.78 m，抗压强度为 34 MPa，抗拉强度为 1.75 MPa。

二、监测钻孔布置及传感器埋设

监测钻孔布置于 1196F 风巷以里 70 m 处，如图 5-32 所示。钻孔方位 86°，倾角 26°，斜向 F3 断层方向钻进，穿过断层带 10 m 终孔，孔深 111 m。压水孔开口以 ϕ127 mm 钻进，在孔口 3 m 下 ϕ108 mm 套管，并用高标号水泥封套管外壁空隙止水。预计到断层前 10 m 用 ϕ75 mm 钻进，直至终孔。

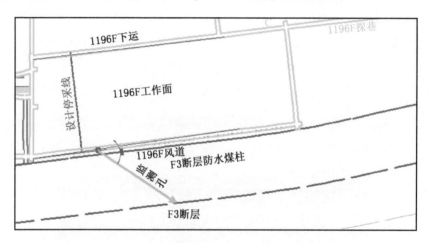

图 5-32　F3 断层微应变实时监测平面图

观测孔中微应变传感器安装步骤为：

（1）压水试验完成后，注入 40 cm 水泥浆，然后将应变传感器插入水泥浆内，并用传送杆控制传感器导向板与煤层巷道平行。

（2）将应变传感器调整好方向，用注浆管注入水泥浆，注浆管应尽量接近传感器，使水泥浆液置换出钻孔水，以保证应力传感器周围水泥浆凝结致密。

（3）将传感器接线器同多芯信号电缆接线器相连接，并连接到井下分站接线盒与井下分站相通。

（4）传感器安装连接完毕后，须注意应在回采冒顶可能损坏电缆的位置应采取保护措施，如在钻孔处打木垛，使冒顶塌落的煤岩不会损坏电缆，用编织袋装砂土浮煤堆放在钻孔口，确保监测期间电缆完好。

井下分站采用矿用直流多路不间断电源供电电源，监测期间仪器在井下不间断连续工作，要求井下电网能够连续供电，尽量不停电或少停电，停电时间不超过 8 h。

井下分站每 10 min 对各传感器自动巡检一次，并对检测数据以及检测日期、时间进行存储。

三、现场监测数据

该系统已于 2015 年 5 月 17 日开始试运行，并于 2012 年 9 月 20 日结束监测，整个过程系统运行比较稳定。从整个监测过程来看，断层附近微应变增量在 2012 年 5 月 20 日出现突变，竖直方向上微应变增量从 0.1 左右增加至 11.5（图 5-33），说明煤层开采进入系统监测范围，水平方向上略有增加，但变化不大。

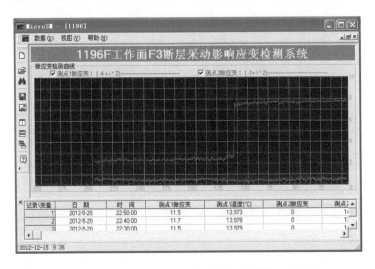

图 5-33　煤层开采进入监测范围应变增量变化曲线

随后竖直方向和水平方向的应变增量逐渐增加，竖直方向上由 11.5 逐步增加至 29.6 左右，而水平方向则在 11.2 左右（图 5-34），表明煤层开采对监测点影响日益加大，同时也表明断层附近变化稳定，没有出现应力应变突然释放的现象，断层没有活化。

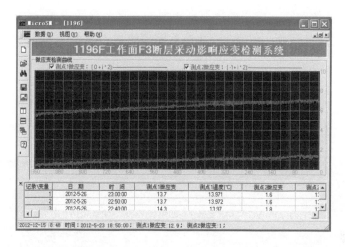

图 5-34　竖直方向和水平方向应变增量逐渐增加曲线

在 6 月 27 日，竖直方向应变增量和水平方向上应变增量同时增大，竖直方向由原来的 29.6 增至 56.1（红色监测线），水平方向应变增量由原来的 11.2 增至 20.4（粉色监测线），如图 5-35 所示，表明工作面已经推进至监测点附近，由于矿山压力的影响，在监测点附近应变增量明显增加。

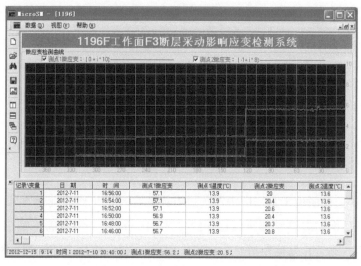

图 5-35　工作面推进至监测点附近应变增量突变曲线

随后，随着工作面的推进应变增量略有增加，直至最后基本稳定（图5-36）。在整个监测过程，应变增量都是增加的，直至最后稳定，中间过程没有出现应变增量突然急剧增加的现象，表明在断层附近不存在应力突然释放，断层没有活化。

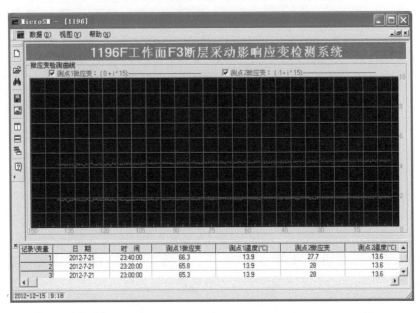

图5-36　应变增量稳定曲线

第四节　李雅庄煤矿2—616工作面底板突水微震监测预警

一、地质概况

2—616工作面位于六采区中部前进方向的左翼，工作面前进方向右侧为2—612回采工作面，右侧紧邻正断层F12（$H = 48$ m），左侧紧邻正断层F10（$H = 10$ m），切巷靠近八采区轨道巷。本工作面为1、2号煤层合并区域，平均煤层厚度合并层为3.3 m，预计夹矸厚度最薄为0.1 m，最厚为0.2 m，为复杂结构煤层。煤层一般含 2 层夹矸，以泥岩、炭质泥岩为主。煤岩类型为半亮型～光亮型。煤层倾角为 5°～11°，平均 8°。工作面顶底板岩性特征见表 5-4。

表 5-4　2—616 工作面顶底板岩性特征

顶底板名称	岩石名称	厚度/m	岩 性 特 征
基本顶	粉砂岩	2.89～5.76 / 4.3	深灰色，水平层理，层面具炭膜泥质胶结，底部夹细砂岩条带，含砂质包裹体
直接顶	细粒砂岩	0.87～8 / 4.4	深灰色，富泥质，向下变粗，底部夹白色中粒砂岩，斜层理
伪顶	泥岩	0.45～1.29 / 0.87	灰黑色，水平层理，含镜煤微细条带，成块状，裂隙含植物化石
直接底	泥岩	0.04～0.77 / 0.7	灰黑色，含不规则的植物化石及粉砂层面，沫具炭膜
基本底	细粒砂岩	1.27～3.1 / 2.1	灰色，钙质胶结，直线型斜层理，分选较差，底部变粗

依据六采区上半部三维地震勘探资料以及 2—612 回采工作面揭露资料显示，2—6162 巷前进方向左侧为正断层 F10（H = 10 m∠43°）、2—6161 巷前进方向右侧为正断层 F12（H = 48 m∠47°），2—6162 巷左侧距正断层 F10 间距最小处为 20 m，工作面整体呈一单斜构造分布，工作面小范围褶皱分布为：前半部呈向斜，走向东西。

工作面主要充水水源有顶板下盒子组 K8 砂岩裂隙水、底板石炭系上统太原组灰岩裂隙—溶洞水、底板奥陶系中统峰峰组石灰岩岩溶裂隙水。

（1）顶板下盒子组 K8 砂岩裂隙水：2 号煤层上覆砂岩含水层与泥质岩层相互叠置，富水性普遍较弱。顶板直接充水含水层 K8 砂岩，厚度为 2.8～8.71 m，距 2 号煤层 2.85～9.77 m，该含水层裂隙不发育，连通性差，以静储量为主，易于疏干，当井下揭露时，涌水量一般为 0～5 m³/h，并且随时间的推移逐渐减少。所以，2 号煤层上覆砂岩水不会对掘进产生较大影响。

（2）底板石炭系上统太原组灰岩裂隙—溶洞水：主要有 K4、K3、K2 三层灰岩，平均厚度分别为 3.54 m、4.34 m、9.58 m。距 2 号煤层底板平均厚度约

34 m。根据现水位其静水位标高为+350 m，K2灰岩带压值为0.5~0.9 MPa。

（3）底板奥陶系中统峰峰组石灰岩岩溶裂隙水：奥陶系（O2）灰岩水静止水位标高为+448 m。奥灰顶板距2号煤层底板平均103.62 m，带压值1.5~1.9 MPa。

二、微震监测预警系统硬件配置

微震监测预警系统由微震传感器、微震数据采集分站、设备供电系统、数据传输系统组成。本次监测预警采用矿用隔爆兼本安型微震监测主机器［KJ648（B）-Z］、矿用本安型拾震传感器（GZC5），数据采集端采用UPS结合煤矿电力系统进行供电，且数据采集端一般布置在工作面人为活动少的地方，以确保数据采集端能连续稳定的工作，矿井内采集分站采用GPS时间同步。该微震监测系统在断电的情况下，能够正常记录煤层底板突水岩体微破裂现象。地面数据采集服务器采用220V电压供电，包括服务器、网络交换机、GPS时间同步器、UPS电源等设备。

微震监测预警系统利用光缆将采集分站与远端监控端（地面数据采集服务器）连接，实现远程查看和控制。该监测系统的数据分为三大类，第一类为原始波形数据，第二类为设备控制命令，第三类为系统健康信息与检测命令。

微震传感器接收原始波形信号（模拟电信号），通过屏蔽电缆传到与传感器连接的微震监测分站，采集分站将接收到的模拟信号AD转换为数字信号，同时采集分站对数据信号完成封包等操作形成IP数据包，通过光缆连接网络交换机传输到地面数据采集服务器。IP数据包经过光缆，再通过网络交换机到地面数据采集服务器，对数据进行处理后存储到数据库。设备控制命令和系统健康检测命令由监测系统软件经过与原始波形数据相同的传输网络给微震监测分站下发命令。

三、微震监测预警数据处理系统

李雅庄煤矿2—613工作面底板突水动态微震监测系统PCS平台可将矿井地震波监测信号进行实时监测显示，并能自动转化存储于地面数据采集服务器，且可以实现事件智能化处理，具有智能检测、定位事件的能力，针对微震原始数据进行事件检测，自动定位。

1. 地质模型建立

在进行事件定位、成像时，需要有精确的、能反映实际地质情况的速度模型。根据监测区域地质资料，初步确定地质模型，即地层分布、地层速度（纵波、横波）、地层密度；利用已知的主动震源（如爆破、机械震源等），并通过传感器进行信号接收，进行地层速度校正，最终确定监测区域的地层速度模型。

2. 预处理

地面数据处理服务器在对事件进行检测以及智能化自动定位之前，需通过人工进行信号识别、预处理，其过程如下：

（1）去直流与倾斜：去除采集仪器本身产生的直流漂移信号。

（2）带通滤波：监测区域现场的信号源多、杂且可能会受到较高的噪声干扰信号，因此，需根据微震发生的原理，通过对原始数据进行时频分析，在频率段对微震信号进行滤波、降噪处理，以筛选出煤层底板突水岩体微破裂事件信号。

（3）陷波：采集分站在供电的过程中，会受到监测区域内动力电的干扰，通过对原始数据进行时频分析，利用陷波可以去除工频干扰信号，如监测区域存在的 50 Hz 工频干扰信号。

3. 微震事件自动检测

原始数据经地面数据采集服务器进行实时存储、预处理后，利用 STALTA（短时窗平均长时窗平均）算法，通过监测系统 PCS 进行智能、自动事件检测。

STALTA 算法，是基于原始数据给定一个滑动的长时间窗 LTA，在此窗口内再取一个短时间窗 STA，两窗口终点或起始点重合，用短时窗信号能量平均值（STA）和长时窗信号能量平均值（LTA）之比来反映信号振幅或能量的变化。STA 主要反映事件信号的平均值，LTA 主要反映背景噪声的平均值。在煤层底板突水岩体微破裂信号到达的时间处，STA 时间窗口信号要比 LTA 时间窗口信号变化快，即存在信号时，短窗口内的能量迅速增加，而长窗口的能量增加较慢，相应的 STALTA 值会有一个明显的增加，当其比值大于某一个阈值时，即可判定有事件发生，从而达到自动检测目的。

STALTA 算法公式为

$$STA(i) = \frac{1}{ns} \sum_{j=i-ns}^{i} CF(j) \qquad\qquad (5-1)$$

$$LTA(i) = \frac{1}{nl} \sum_{j=i-nl}^{i} CF(j) \qquad\qquad (5-2)$$

$$\frac{STA}{LTA}(i) = \frac{STA(i)}{LTA(i)} \geqslant \lambda \qquad\qquad (5-3)$$

式（5-1）~式（5-3）中，i 为采样时刻，ns 为短时窗的长度，nl 是长时窗的长度，λ 为设定的触发阈值，$CF(i)$ 为在 i 时刻的关于微震信号的特征函数值，表征微震数据的振幅、能量或其变化。

该算法的主要影响因素包括 STA 和 LTA 时窗长度、触发阈值、特征函数，它们直接影响微震信号的识别和拾取效果。

图 5-37 所示为一个未经处理的原始波形数据，数据中包含一个事件（标注区域）。

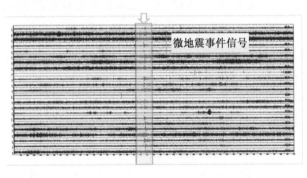

图 5-37　事件检测案例图

对该原始波形（图 5-37）进行时频分析，通过滤波、陷波处理，找出微震信号（图 5-38）。

图 5-39 所示为叠加波形，是原始数据经预处理后的叠加波形（预处理包括：去直流与倾斜、带通滤波、全波形叠加等），同时显示了 STALTA 曲线，可以看出当有事件信号到来时，STALTA 曲线相应地存在较大变化，预示着这段波形可能存在事件。

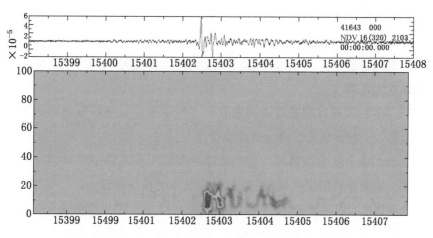

图 5-38　事件信号及时频分析图

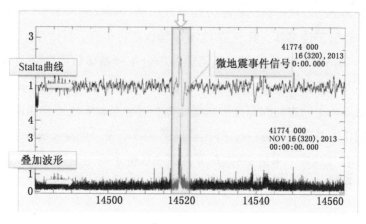

图 5-39　预处理后得到的叠加波形和 STALTA 曲线图

四、监测台网布设及传感器安装

合理的监测台网可以提高震源定位精度，且能尽可能多地获取有用信息，减少干扰。李雅庄煤矿 2—613 工作面底板突水动态微震监测台网布设原则如下：

（1）监测台网应在空间上在待监测区域形成包络状，并且有足够、适当的密度。

（2）监测台网需避免较大断层及破碎带的影响，也要尽量远离大型机械和电气干扰。

（3）微震传感器尽量布置在连续条带矿壁内和巷道顶板内，按监测环境与要求选择监测方向。

（4）尽量利用现有的巷道或硐室和矿井风流通风，测站硐室要避开开采活动影响范围，以减少施工、通风及维修费用。

（5）在综合分析监测目标、监测范围的基础上，在满足整体监测效果的前提条件下，需充分利用煤矿现有工程，节约成本和系统投资。

李雅庄煤矿六采区 2—616 工作面总长度 1291 m，矿井底板突水动态微震监测覆盖监测区域 500 m（沿煤层走向），取此段煤层回采破坏范围来完成六采区 2—616 工作面回采煤层底板突水监测。微震监测系统共布设一套 12 通道微震监测系统，分为 2 个 6 通道微震监测分站（轨道巷、回风巷），每个微震监测分站连接 6 支单轴微震传感器，共安装 12 支单轴微震传感器。具体设计方案如下：

（1）2—616 工作面轨道巷、回风巷各布设 1 台微震监测分站及 6 支单轴微震传感器。基于李雅庄煤矿六采区 2—616 工作面地质条件及现场勘查结果，微震传感器沿煤矿走向方向和深度方向呈交错布置，布置于轨道巷和回风巷的非开采帮，微震传感器间距约 80 m，共覆盖监测区域沿煤层走向长 500 m。

（2）李雅庄煤矿六采区 2—616 工作面底板突水动态微震监测系统布设如图 5-40 所示，微震传感器编号为 1~12 号。

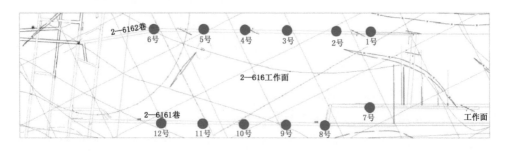

图 5-40　2—616 工作面微震监测台网设计图

（3）1~6 号均为单轴微震传感器，传感器间距约 80 m，分别通过 2 芯和 6

芯防阻燃屏蔽专用电缆组合连接 1 号微震监测分站；7~12 号均为单轴微震传感器，传感器间距约 80 m，分别通过 2 芯和 6 芯防阻燃屏蔽专用电缆组合连接 2 号微震监测分站。

（4）由于李雅庄煤矿六采区 2—616 工作面在回采过程中会产生很强的噪声，考虑到微震监测系统背景环境噪声要求，离开切眼最近的微震传感器（6 号、12 号）距离开切眼沿煤层走向距离约 100 m。

根据 2—616 工作面轨道巷和回风巷现场地质条件，确定在非开采帮安装微震传感器，根据传感器的直径为 30 mm，确定保护套管直径为 40 mm、钻孔直径大于 50 mm，布置钻孔与垂直方向和巷道走向有一定的夹角，分别为 30°~60°、−45°~45° 之间。根据李雅庄煤矿 6 采区 L—20b 钻孔、L—4b 钻孔揭露结果，优选钻孔深度不小于 7 m。微震监测系统钻孔布置如图 5-41 所示。

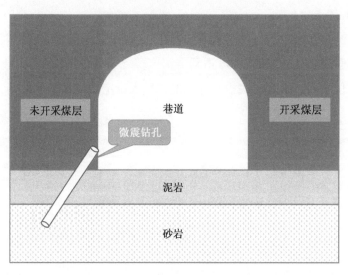

图 5-41　微震监测系统钻孔布置示意图

传感器安装完成后采用水泥灌浆的方式耦合，首先在打孔完成后立即放入保护钢管，防止塌孔；随后将传感器与孔壁平行放入孔底，将事先搅拌好的水泥混凝土浇灌到孔内并填满填实；最后，在金属套管末端封上黄泥降噪。

2—616 工作面底板突水动态微震监测系统设有 2 个微震监测分站，即 1 号、

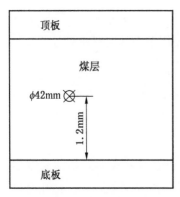

图 5-42　标定爆破设计剖面图

2 号微震监测分站，分站之间采用光缆连接。监测分站和矿井网络终端、GPS 时间信号同步终端连接，实现数据、通信传输以及时间同步。

系统安装完成后，需在矿井内进行标定爆破（图5-42），记录爆破时间和地点，以便计算、校验地层地震波速，并在监测过程中进行日常校验检查。

五、系统应用情况

井下系统部署完成后，在服务器电脑上配置好检波器参数、速度模型参数、检测参数等，预警准则采用定量预警准则，开启软件后台，随后在服务器电脑开启监测软件，启动实时监测软件进行监测预警，如图 5-43 和图 5-44 所示。

微震监测预警系统可以实时监测部署在 2—616 工作面 12 个微震传感器传来的微震波和微震事件，如图 5-45 所示。

通过定位原理，解算出底板破坏深度，代入设定的定量预警准则，判断水害

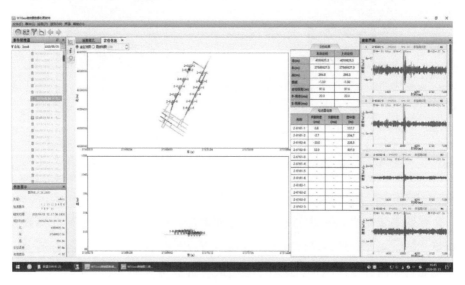

图 5-43　微震监测系统运行界面图

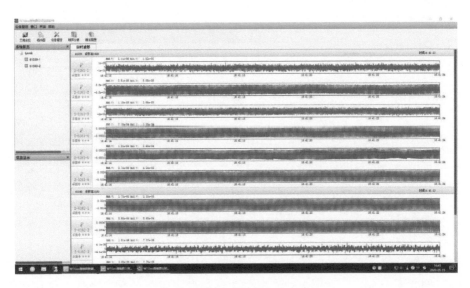

图 5-44 微震监测点实时波形图

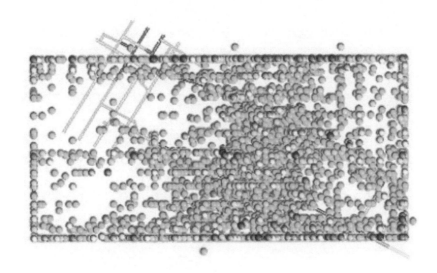

图 5-45 2—616 工作面微震监测事件分布图

警情。在整个监测过程中，多次出现警情，根据现场情况，采取了有效的水害防治措施，避免了水害事故发生。

第五节　元宝湾煤矿老空区水化学监测预警

一、顶板砂岩裂隙水和采空区积水水化学特征

Piper 三线图是 1944 年由派帕提出的，该图由一个等边的平行四边形及两个等边三角形组成。它的优点是不受人为影响，从菱形中就可以看出水样的一般化学特征，在三角形中可以看出各种离子的相对含量；它能够把大量水样点标绘在图上，依据其分布情况，可以解释许多水文地球化学问题。

1. 水化学类型

顶板砂岩裂隙水水样点集中分布在菱形左上侧（图 5-46），属于 5 区，说明碳酸盐硬度大于 50%，且顶板砂岩水水化学类型阴阳离子毫克当量百分比相似，水化学类型均为 $Ca \cdot Mg—HCO_3 \cdot SO_4$。

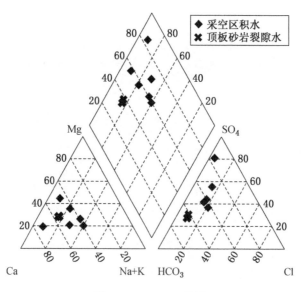

图 5-46　Piper 三线图

采空区积水水样点相对而言在菱形上分布较分散（图 5-46），属于 6 区和 9 区，6 区非碳酸盐硬度超过 50%，9 区任意一对阴阳离子毫克当量百分数均不超

过 50%，说明采空区水样的阴阳离子毫克当量百分比存在差异，水化学环境较复杂，这一点可以从水化学类型得到验证，$Ca \cdot Na \cdot Mg—SO_4 \cdot HCO_3$（2 个）、$Na \cdot Ca \cdot Mg—SO_4 \cdot HCO_3$（1 个）、$Ca—SO_4$（1 个）、$Ca \cdot Mg—HCO_3 \cdot SO_4$（1 个）、$Ca \cdot Mg \cdot Na—HCO_3 \cdot SO_4 \cdot Cl$（1 个）。

2. 离子浓度特征

顶板砂岩裂隙水所有水样的 K^+、Na^+、Mg^{2+}、Cl^-、SO_4^{2-}、HCO_3^- 浓度变化范围较小，最大值、最小值和平均值接近；Ca^{2+} 变化范围相对大一些（图 5-47），为 123.5~156.4 mg/L；另外，TDS 和总硬度（图 5-48）有一定差别。

采空区积水的离子浓度、TDS、总硬度和总碱度变化范围均较大（图 5-47 和图 5-48），说明采空区积水不同水样差别较大，水化学环境存在一定差别。

总体上看，顶板砂岩裂隙水的 SO_4^{2-}、TDS 和总硬度与采空区积水差别较大，有利于区分这两种不同类型的地下水；Na^+、Mg^{2+}、Cl^- 也有一定的区分度，也可用于辅助区分这两种水。

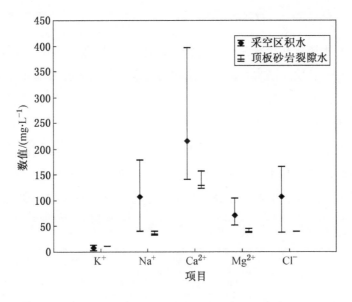

图 5-47　离子浓度最大值、最小值及平均值图

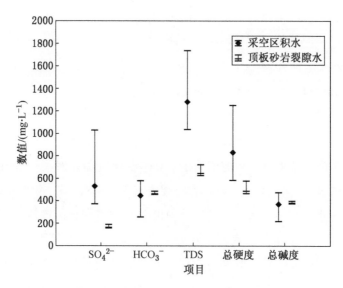

图 5-48　离子浓度和其他指标最大值、最小值及平均值图

二、老空区突水化学预警系统应用

根据矿井水质化验台账，建立水源样品库，输入老空突水化学预警系统中。在实际工作中一旦发现滴水、淋水、出水等现象，迅速采样并利用系统化验，代入化学预警系统判别水源，并依据水化学预警准则给出相应级别的警情。

1. 老空区水化学预警样品库基础数据检验

矿井老空水和顶板砂岩水在水质上有一定的差异，为检验这种差异是否能够被有效识别，现从矿井水质台账中精选代表性的水样（表 5-5），作为水化学预警的标准水源样品库，并利用系统提供的判别分析程序检验其判别准确率。

表 5-5　矿井水源样品库　　　　　　　　　　　　mg/L

水源类型	Na⁺	K⁺	Ca²⁺	Mg²⁺	Cl⁻	SO₄²⁻	HCO₃⁻	TDS
采空区 积水	138.64	5.71	140.28	55.91	104.34	365.03	423.73	1035.33
	49.27	5.24	396.79	63.21	37.56	1027.84	250.89	1733.17
	178.67	10.71	164.33	51.05	112.69	422.66	496.21	1208.56
	136.00	12.62	224.45	55.91	121.04	585.97	407.00	1340.39

表 5-5(续)　　　　　　　　　　　　　　　　　　　　　　mg/L

水源类型	Na^+	K^+	Ca^{2+}	Mg^{2+}	Cl^-	SO_4^{2-}	HCO_3^-	TDS
采空区 积水	39.47	2.14	180.36	104.53	106.43	393.85	512.94	1101.83
	99.20	9.52	184.37	92.38	164.86	384.24	574.27	1233.79
顶板砂岩 裂隙水	32.00	10.95	124.25	38.90	39.65	153.61	451.61	625.44
	33.60	10.80	124.30	37.60	39.20	154.80	462.78	630.14
	39.47	10.30	156.40	45.20	39.78	187.60	480.50	719.83
	33.00	10.80	123.50	37.60	39.40	153.60	463.20	625.30
	33.00	10.80	123.50	37.60	39.40	153.60	463.23	625.30
	34.60	11.00	124.00	38.20	39.40	154.60	460.23	624.30

　　打开中煤山西华昱老空区评估管理 GIS 信息系统（图 5-49），通过数据→矿井水源识别→水源识别，将矿井水源识别判别分析对话框调出，如图 5-50 所示。

　　将表 5-5 的数据按照系统要求整理，单击"导入数据"将数据导入对话框中，如图 5-50 所示。

　　单击"判别分析"，将矿井水源识别判别分析对话框调入系统，分别设置数据的起始列为 2，数据的终止列为 9，即将 Na^+、K^+、Ca^{2+}、Mg^{2+}、Cl^-、SO_4^{2-}、HCO_3^-、TDS 全部作为识别指标，数据类型选择第 1 列，并选中数据含有标题，临界值 $F_{进}$ 和 $F_{出}$ 按照默认值，表示不删除判别指标，如图 5-51 所示。

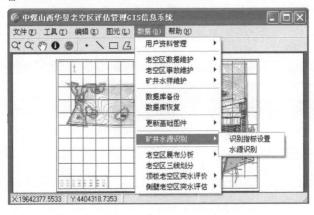

图 5-49　中煤山西华昱老空区评估管理 GIS 信息系统

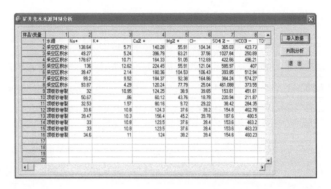

图 5-50　水源识别对话框

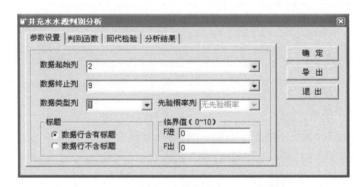

图 5-51　判别分析对话框

单击"确定"，系统会根据建立的模型进行运算，其结果分别保存在判别函数、回代检验选项卡中，单击判别函数选项卡，可以得出具体判别函数，如图5-52所示。

图 5-52　判别函数结果显示界面

根据上述判别函数结果显示，可以写出具体判别函数表达式。

单击"回代检验"选项卡，可以看出回代检验结果，如图 5-53 所示。从图中可以看出 6 个采空区积水和 6 个顶板砂岩裂隙水均被准确判出，即回代检验准确率为 100%，说明所建立的老空突水化学预警样品库识别精度较高。需要注意的是由于水源样品受到地质构造、采掘活动及时间等因素的影响，因此水源样品库是动态的，在实际应用时应及时更新。

图 5-53 回代检验结果

2. 老空区水化学预警样品库的建立

老空突水化学预警系统能够快速进行水质全化验分析，化验测试项目包括 K^+、Na^+、Ca^{2+}、Mg^{2+}、Al^{3+}、$NH4^+$、Fe^{2+}、Fe^{3+}、Cl^-、$SO4^{2-}$、HCO_3^-、CO_3^{2-}、F^-、NO_3^-、NO_2^-、pH、总硬度、总碱度（$CaCO_3$）、碘、溴、COD 等，能够自动识别水源，并根据识别结果是否为老空水进行预警。老空突水化学预警系统主机如图 5-54 所示。

打开主机，系统开机主界面如图 5-55 所示，4 个主功能按钮包括了系统的 4 个主要功能模块。在进入每个子功能模块后，每个页面都有简短的操作提示。

单击"样品库管理"，进入样品库管理的主界面，如图 5-56 所示。图中包含 4 个按钮，分别对应库管理的 4 项子功能。

点击"建立样品库"后，系统首先要求用户选择建库指标，如图 5-57 所示，

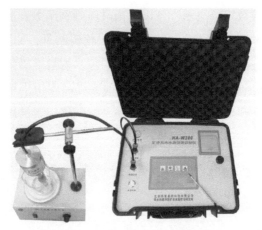

图 5-54 老空突水化学预警系统主机

图 5-55 系统开机主界面

图 5-56 样品库管理界面

该界面可以选择建库指标。

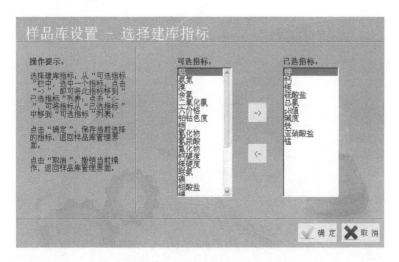

图 5-57　建库指标选择界面

点击"→"，从"可选指标"栏中选择建库指标，并将建库指标放在"已选指标"栏中；点击"←"，将建库指标从"已选指标"栏中移出，并放置"可选指标"栏中。根据前面分析，针对元宝湾煤矿，选择 Na^+、K^+、Ca^{2+}、Mg^{2+}、Cl^-、SO_4^{2-}、HCO_3^-、TDS 等作为水源样品库指标。点击"确定"，系统进入"样品库设置"界面（图 5-58）。在样品库设置界面中，每项代表一种类别的水源，

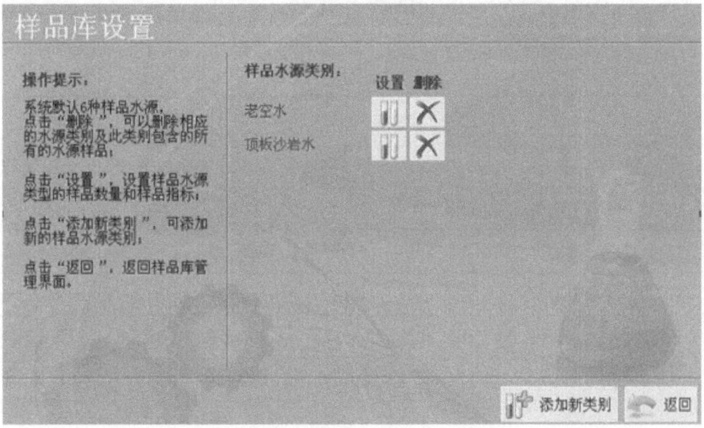

图 5-58　样品库设置

在这里可以添加，删除所建库的水源的类别。根据研究区水源这里只添加老空水和顶板砂岩水。

每种水源类别可以包含数个不同的水样。点击老空水旁边的"设置"按钮进入样品编辑界面，如图5-59所示，在这里可以为老空区积水添加水样。

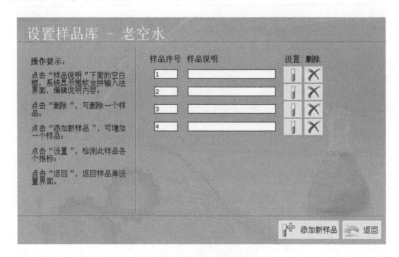

图 5-59　样品编辑界面

在图 5-58 所示界面，先后为老空水添加 6 个水样，见表 5-6，这样就建立了老空区的水源样品库，该老空区水源样品库作为已知水源，待判水样就可以和该老空区水样进行比较，以确定是否为老空水。

表 5-6　老空水源样品库　　　　　　　　　　　　　mg/L

序号	Na$^+$	K$^+$	Ca^{2+}	Mg^{2+}	Cl$^-$	SO$_4^{2-}$	HCO$_3^-$	TDS
1	138.64	5.71	140.28	55.91	104.34	365.03	423.73	1035.33
2	49.27	5.24	396.79	63.21	37.56	1027.84	250.89	1733.17
3	178.67	10.71	164.33	51.05	112.69	422.66	496.21	1208.56
4	136.00	12.62	224.45	55.91	121.04	585.97	407.00	1340.39
5	39.47	2.14	180.36	104.53	106.43	393.85	512.94	1101.83
6	99.20	9.52	184.37	92.38	164.86	384.24	574.27	1233.79

同理，在图 5-53 所示界面点击顶板砂岩水旁边的"设置"按钮，则进入顶

板砂岩水样品编辑界面，可以为顶板砂岩水添加水样，依据前面分析，为顶板砂岩水添加6个水样（表5-7），作为顶板砂岩水的标准水样。

表5-7　矿井水源样品库　　　　　　　　　　　　　　　　　mg/L

水源类型	Na^+	K^+	Ca^{2+}	Mg^{2+}	Cl^-	SO_4^{2-}	HCO_3^-	TDS
1	32.00	10.95	124.25	38.90	39.65	153.61	451.61	625.44
2	33.60	10.80	124.30	37.60	39.20	154.80	462.78	630.14
3	39.47	10.30	156.40	45.20	39.78	187.60	480.50	719.83
4	33.00	10.80	123.50	37.60	39.40	153.60	463.20	625.30
5	33.00	10.80	123.50	37.60	39.40	153.60	463.23	625.30
6	34.60	11.00	124.00	38.20	39.40	154.60	460.23	624.30

根据实际情况，如果已知水样太少，则可以现场取水样，利用老空突水化学预警系统进行测试，以丰富水源样品库。

样品库建立完成以后，应选择判别指标，选择判别指标的界面与选择建库指标的界面类似，这里不再赘述。用户可以通过自己的专业经验来手工选择判别指标，或者也可以点击"自动选择"按钮由系统辅助选择判别指标。根据前面分析，元宝湾判别指标选择Na^+、K^+、Ca^{2+}、Mg^{2+}、Cl^-、SO_4^{2-}、HCO_3^-、TDS。点击"确定"后，这些判别指标将会保存在仪器内，供以后识别新水源样品时使用。系统将自动评估所选指标是否合适，如果所选指标适用作判别指标，系统将给出提示信息。

3. 水源识别预警

2014年7月21日，在元宝湾4201迎头采集了一水样，判别其是否为老空水并预警。

首先开机进入老空突水化学预警系统，点击主界面上的水源识别图标，即进入水源识别功能。在水源识别界面上，用户可以输入测量人员的姓名，所测水源的取样地点等信息，界面的右侧列出了为了识别此水样要测的离子指标项。点击每个离子项后面的检测按钮即可进入浓度测量界面。如果该项离子存在不同量程，系统将首先显示量程选择界面。为了减少测量的误差，每个离子最多可以测量3次。

通过测试计算，形成水样测试结果报表，见表5-8，并依据测量结果进行了识别，识别结果为顶板砂岩水，由于顶板砂岩水对开采影响较小，根据预警准则，没有产生警情。

表5-8 水样1测试结果

送检单位	元宝湾煤矿		测量人员	赵玉龙
样品编号	SY201405		采样日期	2014年7月21日
水样名称	元宝湾4201迎头水		送样日期	2014年7月21日
采样地点	元宝湾4201迎头		分析日期	2014年7月21日
采样人员	赵玉龙		报告日期	2014年7月21日

项目	数值	项目	数值	离子百分含量统计图
总硬度	470.78	游离CO_2	29.5	阳离子
暂时硬度	378.5	侵蚀CO_2		
永久硬度	92.28	耗氧量	0.66	Ca^{2+}, 56.85%
负硬度		pH	7.5	Mg^{2+}, 28.98%
总碱度	378.5	矿化度	624.3	K^+, 0.74%
阳离子	mg/L	mmol/L	X（B）%	Na^+, 13.43%
Ca^{2+}	123.78	6.18	56.85%	
Mg^{2+}	38.29	3.15	28.98%	
K^+	11.32	0.08	0.74%	
Na^+	33.68	1.46	13.43%	
小计	207.07	10.87	100.00%	
阴离子	mg/L	mmol/L	X（B）%	阴离子
Cl^-	39.40	1.11	9.35%	Cl^-, 9.35%
SO_4^{2-}	154.60	3.22	27.13%	SO_4^{2-}, 27.13%
HCO_3^-	460.23	7.54	63.52%	HCO_3^-, 63.52%
小计	654.23	11.87	100.00%	
总计	861.3	22.74		
备注				

识别预警结果：顶板砂岩水，无警情。

参 考 文 献

[1] 武强, 李慎举, 刘守强, 等. AHP 法确定煤层底板突水主控因素权重及系统研发 [J]. 煤炭科学技术, 2017, 45 (1): 154-159.

[2] 武强, 徐华, 赵颖旺, 等. 基于"三图法"煤层顶板突水动态可视化预测 [J]. 煤炭学报, 2016, 41 (12): 2968-2974.

[3] 武强, 李博. 煤层底板突水变权评价中变权区间及调权参数确定方法 [J]. 煤炭学报, 2016, 41 (9): 2143-2149.

[4] 尹尚先, 王屹, 尹慧超, 等. 深部底板奥灰薄灰突水机理及全时空防治技术 [J]. 煤炭学报, 2020, 45 (5): 1855-1864.

[5] 尹尚先, 徐维, 尹慧超, 等. 深部开采底板厚隔水层突水危险性评价方法研究 [J]. 煤炭科学技术, 2020, 48 (1): 83-89.

[6] 尹尚先, 连会青, 刘德民, 等. 华北型煤田岩溶陷落柱研究 70 年: 成因·机理·防治 [J]. 煤炭科学技术, 2019, 47 (11): 1-29.

[7] 刘德民, 尹尚先, 连会青. 煤矿工作面底板突水灾害预警重点监测区域评价技术 [J]. 煤田地质与勘探, 2019, 47 (5): 9-15.

[8] 尹尚先, 吴志远. 钱家营井田构造复杂程度定量评价 [J]. 煤矿安全, 2019, 50 (5): 218-221.

[9] 刘德民, 尹尚先, 连会青, 等. 煤矿底板突水定量预警准则及预警系统研究 [J]. 煤炭工程, 2019, 51 (4): 16-20.

[10] 董书宁, 王皓, 张文忠. 华北型煤田奥灰顶部利用与改造判别准则及底板破坏深度 [J]. 煤炭学报, 2019, 44 (7): 2216-2226.

[11] 靳德武. 我国煤矿水害防治技术新进展及其方法论思考 [J]. 煤炭科学技术, 2017, 45 (5): 141-147.

[12] 靳德武, 乔伟, 李鹏, 等. 煤矿防治水智能化技术与装备研究现状及展望 [J]. 煤炭科学技术, 2019, 47 (3): 10-17.

[13] 靳德武, 赵春虎, 段建华, 等. 煤层底板水害三维监测与智能预警系统研究 [J]. 煤炭学报, 2020, 45 (6): 2256-2264.

[14] 靳德武, 李鹏. 煤层底板水害防治智能决策支持系统框架构建 [J]. 煤田地质与勘探, 2021, 49 (1): 161-169.

[15] 刘伟韬，穆殿瑞，谢祥祥，等．倾斜煤层底板采动应力分布规律及破坏特征［J］．采矿与安全工程学报，2018，35（4）：756-764.

[16] 刘伟韬，穆殿瑞，杨利，等．倾斜煤层底板破坏深度计算方法及主控因素敏感性分析［J］．煤炭学报，2017，42（4）：849-859.

[17] 刘伟韬，申建军，贾红果．深井底板采动应力演化规律与破坏特征研究［J］．采矿与安全工程学报，2016，33（6）：1045-1051.

[18] 刘伟韬，刘士亮，姬保静．基于正交试验的底板破坏深度主控因素敏感性分析［J］．煤炭学报，2015，40（9）：1995-2001.

[19] 张文泉．矿井底板突水灾害的动态机理及综合判测和预报软件开发研究［D］．泰安：山东科技大学，2004.

[20] 虎维岳．新时期煤矿水害防治技术所面临的基本问题［J］．煤田地质与勘探，2005，33（s）：27-30.

[21] 虎维岳．矿山水害防治理论与方法［M］．北京：煤炭工业出版社，2005.

[22] 卜昌森，张希诚，尹万才，等．华北型煤田岩溶水害及防治现状［J］．地质评论，2001，47（4）：405-410.

[23] 王明玉，张宝柱．华北型煤田矿井突水灾害的防治［J］．地质论评，1995，41（6）：553-558.

[24] 乔伟．矿井深部裂隙岩溶富水规律及底板突水危险性评价研究［D］．徐州：中国矿业大学，2011.

[25] 武强，金玉洁．华北型煤田矿井防治水决策系统［M］．北京：煤炭工业出版社，1995.

[26] 李七明，翟立娟，傅耀军，等．华北型煤田煤层开采对含水层的破坏模式研究［J］．中国煤炭地质，2012，24（7）：38-43.

[27] 任纪舜，郝杰，肖菠薇．回顾与展望：中国大地构造学．地质论评，2002，18（2）：113-124.

[28] 任纪舜，王作勋，陈炳蔚，等．从全球看中国的大地构造中国及邻区大地构造图的简要说明［M］．北京：地质出版社，1999.

[29] 施龙青，韩进．底板突水机理及预测预报［M］．徐州：中国矿业大学出版社，2004.

[30] 董书宁，虎维岳．中国煤矿水害基本特征及其主要影响因素［J］．煤田地质与勘探，2007，35（5）：34-38.

[31] 国家煤矿安全监察局．煤矿防治水细则［M］．北京：煤炭工业出版社，2018.

［32］ 刘波，冯启言．梁北煤矿二₁煤层底板寒灰突水条件分析［J］．矿业安全与环保，2007，34（6）：64-66.

［33］ 于喜东．地质构造与煤层底板突水［J］．煤炭工程，2004（12）：34-35.

［34］ 高延法，施龙清，娄华君，等．底板突水规律与突水优势面［M］．徐州：中国矿业大学出版社，1999.

［35］ 十喜东．地质构造与煤层底板突水［J］．煤炭工程，2004（12）：34-35.

［36］ 郑世书，陈江中，刘汉湖，等．专门水文地质学［M］．北京：中国矿业大学出版社，1999.

［37］ 徐良才，郭英海，黄鑫磊，等．浅谈我国煤矿主要突水类型及防治技术［J］．煤矿安全，2011，42（1）：53-56.

［38］ Zhang Jincai. Investigations of water inrushes from aquifers under coal seams［J］. International Journal of Rock Mechanics & Mining Sciences, 2005, 42（3）：350-360.

［39］ Zhang Jincai, Shen Baohong. Coal mining under aquifers in China：a case study［J］. International Journal of Rock Mechanics & Mining Sciences, 2004, 41（4）：629-639.

［40］ K B Singh, T N Singh. Ground movements over longwall workings in the Kamptee coalfield［J］. India, Engineering Geology, 1998, 50（1-2）：125-139.

［41］ 杨贵．综放开采导水裂隙带高度及预测方法研究［D］．泰安：山东科技大学，2004.

［42］ 肖民．榆神矿区榆树湾矿保水开采注浆离层参数研究［D］．西安：西安科技大学，2006.

［43］ 李小琴．坚硬覆岩下重复采动离层水涌突机理研究［D］．徐州：中国矿业大学，2011.

［44］ 钱鸣高，刘听成．矿山压力及其控制［M］．北京：煤炭工业出版社，1991.

［45］ 钱鸣高，朱德仁．老顶岩层断裂型式及其对采面来压的影响［J］．中国矿业学院学报，1986（2）：9-16.

［46］ 李鸿昌．矿山压力的相似模拟试验［M］．徐州：中国矿业大学出版社，1988.

［47］ 赵国景，钱鸣高．采场上覆坚硬岩层的变形运动与矿山压力［J］．煤炭学报，1987（3）：1-8.

［48］ 朱德仁，钱鸣高，徐林生．坚硬顶板来压控制的探讨［J］．煤炭学报，1991（2）：11-19.

［49］ 何富连．综采工作面直接顶稳定性与支架—围岩控制论［D］．徐州：中国矿业大学，1993.

[50] 缪协兴，钱鸣高．采场围岩整体结构与砌体梁力学模型［J］．矿山压力与顶板管理，1995，34（Z1）：3-12.

[51] 刘长友．采场直接顶整体力学特性及支架围岩关系的研究［D］．徐州：中国矿业大学，1996.

[52] 钱鸣高，石平五，许家林．矿山压力与岩层控制［M］．徐州：中国矿业大学出版社，2012.

[53] 宋振骐，宋扬，等．内外应力场理论及其在矿压控制中的应用［A］//中国北方岩石力学与工程应用学术论文文集［C］．北京：科学出版社，1991.

[54] 宋振骐，蒋金泉．煤矿岩层控制的研究重点与方向［J］．岩石力学与工程学报，1996，15（2）：128-134.

[55] 煤炭科学研究院北京开采研究所．煤矿地表移动与覆岩破坏规律及应用［M］．北京：煤炭工业出版社，1981.

[56] 姜福兴．岩层质量指数及其应用［J］．岩石力学与工程学报：1994，13（3）：270-278.

[57] S K Das. Observations and classification of roof strata behaviour over longwall coal mining panels in India［J］. International Journal of Rock Mechanics and Mining Sciences, 2000, 37（4）：585-597.

[58] D N Whittlesa, D J Reddishb, I S Lowndes. The development of a coal measure classification（CMC）and its use for prediction of geomechanical parameters［J］. International Journal of Rock Mechanics & Mining Sciences, 2007, 44（4）：496-513.

[59] 高延法．岩移四带模型与动态位移反分析［J］．煤炭学报．1996，21（1）：51-55.

[60] 高延法，邓智毅，杨忠东，等．覆岩离层带注浆减沉的理论探讨［J］．矿山压力与顶板管理，2001，（4）：65-67.

[61] 钱鸣高，缪协兴，等．岩层控制的关键层理论［M］．徐州：中国矿业大学出版社，2003.

[62] 茅献彪，缪协兴，钱鸣高．采动覆岩中关键层的破断规律研究［J］．中国矿业大学学报，1998，11（1）：39-42.

[63] 缪协兴，茅献彪，钱鸣高．采场覆岩中关键层的复合效应分析［J］．矿山压力与顶板管理，1999（3-4）：19-21.

[64] 许家林，钱鸣高．覆岩关键层位置的判断方法［J］．中国矿业大学学报，2000，29（5）：463-467.

[65] 许家林，钱鸣高. 关键层运动对覆岩及地表移动影响的研究 [J]. 煤炭学报，2000，25（2）：122-126.

[66] 许家林，钱鸣高，朱卫兵. 覆岩卞关键层对地表下沉动态的影响研究 [J]. 岩石力学与工程学报，2005，24（5）：787-791.

[67] 陈朝阳. 焦作矿区突水水源判别模型 [J]. 煤田地质与勘探，1996（8）：38-40.

[68] 洪雷，彭华，燕文，等. 最大效果测度值法研究矿井突水水源 [J]. 中国煤田地质，2002，14（2）：45-46.

[69] 周笑绿，孙亚军. 东滩煤矿3煤顶板水害预测 [J]. 矿业研究与开发，2005，25（4）：74-77.

[70] 武强，黄晓玲，董东林，等. 评价煤层顶板涌（突）水条件的三图—双预测法 [J]. 煤炭学报，2000，25（1）：60-65.

[71] 张海荣，周荣福，郭达志，等. 基于 GIS 复合分析的煤矿顶板水害预测研究 [J]. 中国矿业大学学报，2005，34（1）：112-116.

[72] 彭苏萍，王金安. 承压水体上安全采煤 [M]. 北京：煤炭工业出版社，2001.

[73] 赵阳升，胡耀青. 承压水上采煤理论与技术 [M]. 北京：煤炭工业出版社，2004.

[74] 王作宇，刘鸿泉. 承压水上采煤 [M]. 北京：煤炭工业出版社，1993.

[75] 黎良杰. 采场底板突水机理的研究 [D]. 徐州：中国矿业大学，1995.

[76] 王永红，沈文. 中国煤矿水害预防及治理 [M]. 北京：煤炭工业出版社，1996.

[77] 冯树仁，等. 地下采矿岩石力学 [M]. 北京：煤炭工业出版社，1990.

[78] C. F. Santos, Z. T. Bieniawski. Floor design in underground coalmines [J]. Rock Mechanics and Rock Engineering, 1989, 22（4）：249-271.

[79] S. V. Kuznetsov, V. A. Trofimov. Hydrodynamic effect of coal seam compression [J]. Journal of Mining Science, 1993, 12：35-40.

[80] 靳德武. 我国煤层底板突水问题的研究现状及展望 [J]. 煤炭科学技术，2002，30（6）：1-4.

[81] 王希良，彭苏萍，郑世书. 深部煤层开采高承压水突水预报及控制 [J]. 辽宁工程技术大学学报，2004，23（6）：758-760.

[82] 刘树才. 煤矿底板突水机理及破坏裂隙带演化动态探测技术 [D]. 徐州：中国矿业大学，2008.

[83] 于喜东. 地质构造与煤层底板突水 [J]. 煤炭工程，2004（12）：34-35.

[84] 卜万奎. 采场底板断层活化及突水力学机理研究 [D]. 徐州：中国矿业大学, 2009.

[85] 李家祥, 李大普, 张文泉, 等. 原始地应力与煤层底板突水的关系 [J]. 岩石力学与工程, 1999, 18 (4)：419-423.

[86] 刘蕴祥, 陈祥恩, 张胜利. 永城矿区煤层底板裂隙灰岩突水机理 [J]. 煤田地质与勘探, 2002, 30 (3)：45-46.

[87] 高航, 孙振鹏. 煤层底板采动影响的研究 [J]. 山东矿业学院学报, 1987 (1)：5-8.

[88] 李白英, 沈光寒, 荆自刚, 等. 预防采掘工作面底板突水的理论与实践 [J]. 煤矿安全, 1988 (5)：47-48.

[89] 高延法, 李白英. 受奥灰承压水威胁煤层采场底板变形破坏规律研究 [J]. 煤炭学报, 1992 (2)：7-9.

[90] 沈光寒, 李白英, 吴戈. 矿井特殊开采的理论与实践 [M]. 北京：煤炭工业出版社, 1992.

[91] 李白英. 预防矿井底板突水的 "下三带" 理论及其发展与应用 [J]. 山东矿业学院学报 (自然科学版), 1999, 18 (4)：11-18.

[92] 王作宇, 刘鸿泉, 王培彝, 等. 承压水上采煤学科理论与实践 [J]. 煤炭学报, 1994, 19 (1)：40-48.

[93] 杨映涛, 李抗杭. 用物理相似模拟技术研究煤层底板突水机理 [J]. 煤田地质与勘探, 1997, 25：33-36.

[94] 张金才, 张玉卓, 刘天泉. 岩体渗流与煤层底板突水 [M]. 北京：地质出版社, 1997.

[95] 张金才, 刘天泉. 论煤层底板采动裂隙带的深度及分布特征 [J]. 煤炭学报, 1990, 15 (1)：46-54.

[96] Zhang Jincai, Shen Baohong. Coal mining under aquifers in China：a case study [J]. International Journal of Rock Mechanics & Mining Sciences, 2004, 41：629-639.

[97] Zhang Jincai, Peng Suping. Water inrush and environmental iMPact of shallow seam mining [J]. Environmental Geology, 2005, 48：1068-1076.

[98] Yin Shangxian, Zhang Jincai. IMPacts of karst paleo-sinkholes on mining and environment in northern China [J]. Environmental Geology, 2005, 48：1077-1083.

[99] 钱鸣高, 缪协兴, 黎良杰. 采场底板岩层破断规律的理论研究 [J]. 岩土工程学报, 1995, 17 (6)：56-61.

[100] Qian Minggao, Miao Xiexing, Li Liangjie. Mechanical behaviour of main floor for waterinrush

in longwall mining［J］. Journal of China University of Mining & Technology, 1995, 5 (1)：9-16.

［101］ Xu Jialin, Qian Minggao. Study and application of mining-induced fracture distribution in green mining［J］. Journal of China University of Mining & Technology, 2004, 33 (2)：141-144.

［102］ 许学汉. 煤矿突水预测预报研究［M］. 北京：地质出版社, 1992.

［103］ 李家祥, 李大普, 张文泉, 等. 原始地应力与煤层底板突水的关系［J］. 岩石力学与工程学报, 1999, 18 (4)：419-423.

［104］ 杨善安. 采场底板断层突水及其防治方法［J］. 煤炭学报, 1994, 19 (6)：620-625.

［105］ 黎良杰, 钱鸣高, 李树刚. 断层突水机理分析［J］. 煤炭学报, 1996, 21 (2)：119-123.

［106］ 谭志祥. 断层突水机制的力学浅析［J］. 江苏煤炭, 1998 (3)：16-18.

［107］ 施龙青, 曲有刚, 徐望国. 采场底板断层突水判别方法［J］. 矿山压力与顶板管理, 2000 (2)：49-51.

［108］ 刘志军, 胡耀青. 承压水上采煤断层突水的固流耦合研究［J］. 煤炭学报, 2007, 32 (10)：1046-1050.

［109］ 李青锋, 王卫军, 朱川曲, 等. 基于隔水关键层原理的断层突水机理分析［J］. 采矿与安全工程学报, 2009, 26 (1)：87-90.

［110］ 陈忠辉, 胡正平, 李 辉, 等. 煤矿隐伏断层突水的断裂力学模型及力学判据［J］. 中国矿业大学学报, 2011, 40 (5)：673-677.

［111］ 李常文, 柳峥, 郭好新, 等. 基于采动和承压水作用下断层突水关键路径的力学分析［J］. 煤炭工程, 2011 (5)：70-73.

［112］ 潘锐, 孟祥瑞, 高召宁. 底板承压水上断层突水的力学分析［J］. 矿业安全与环保, 2013, 40 (4)：11-15.

［113］ 贾贵廷. 华北型煤田陷落柱的形成及分布规律［J］. 中国岩溶, 1989, 8 (4)：21-23.

［114］ 赵苏启. 导水陷落柱突水淹井的综合治理技术阴［J］. 中国煤炭, 2003, 30 (7)：10-13.

［115］ 白海波. 徐州矿区奥灰水突出的原因与防治阴［J］. 煤田地质与勘探, 1999, 27 (4)：7-9.

［116］ 段中稳. 隐伏导水陷落柱的综合防治［J］. 矿山压力与顶板管理, 2004, 22 (2)：25-

27.

[117] 段水云. 太原南峪勘探区陷落柱发育特征及导水问题研究 [J]. 中国煤田地质, 2000, 12 (2): 15-17.

[118] 苏起元. 对岩溶陷落柱发育规律的探索 [J]. 西山科技, 1996 (19): 25-27.

[119] 尹万才. 华北型煤田陷落柱发育的几何特征 [J]. 山东科技大学学报 (自然科学报), 2004, 23 (2): 25-27.

[120] 褚志忠. 陷落柱伴生断层的特征及陷落柱的预测 [J]. 煤田地质与勘探, 1998, 26 (3): 24-27.

[121] 卢耀如. 硫酸盐岩岩溶发育机理与有关地质环境效应 [J]. 地球学报, 2002, 23 (1): 7-10.

[122] 宗坚. 湖南北型煤矿区的岩溶陷落柱 [J]. 中国岩溶, 1988, 7 (3): 36-38.

[123] 胡宝林. 淮北煤田深部岩溶洞穴及陷落柱的形成机制 [J]. 中国煤田地质, 1997, 9 (2): 25-7.

[124] 周治安. 山西岩溶陷落柱的岩体力学背景 [J]. 煤炭学报, 1999, 25 (4): 3-6.

[125] 杨为民. 岩溶陷落柱形成的岩体力学条件 [J]. 煤田地质与勘探, 1997, 25 (6): 8-11.

[126] 侯恩科. 矿井陷落柱的成因分析及其预测 [J]. 西北地质, 1994, 15 (2): 19-21.

[127] 苏昶元, 韩朴. 浅析"真空吸蚀致塌"理论的缺陷 [J]. 西山科技, 1997 (3): 27-29.

[128] 苏昶元. 韩朴. 岩溶陷落柱的形成机理 [J]. 山西煤炭, 1997, 17 (5): 5-7.

[129] 陈尚平. 河北峰峰地区岩溶陷落柱成因探讨 [J]. 中国岩溶, 1993, 12 (3): 11-14.

[130] 赵志怀. 山西煤田地质构造与陷落柱发育规律初步探讨 [J]. 西山科技, 1998, 8: 25-27.

[131] 张宝柱. 华北型煤田岩溶陷落柱分布规律及其水文地质意义 [J]. 阜新矿业学院学报, 1996, 15 (3): 29-31.

[132] 张永双. 华北型煤田岩溶陷落柱分类探讨 [J]. 煤炭工程师, 1998, 5: 12-1.4

[133] 刘重举. 陷落柱发育规律及探测技术 [J]. 煤田地质与勘探, 1997, 25 (5): 9-11.

[134] 杨肖岩. 王庄井田陷落柱分布规律分析 [J]. 矿山压力与顶板管理, 2002, 1: 3-5

[135] 许进鹏. 陷落柱活化导水机理研究 [D]. 青岛: 山东科技大学, 2006.

[136] 杨为民, 周治安, 李智毅. 岩溶陷落柱充填特征及活化导水分析 [J]. 中国岩溶,

2001, 20（4）：279-284.

[137] 李宣东．五阳煤矿陷落柱的特点及其地质模型［J］．郑州煤炭管理干部学院学报，
2001, 16（2）：25-27.

[138] 李金凯，周万芳．华北型煤矿床陷落柱作为导水通道突水的水文地质环境及预测［J］．
中国岩溶，1989, 8（3）：192-199.

[139] 尹尚先，武强．陷落柱概化模式及突水力学判据［J］．北京科技大学学报，2006,
28（9）：812-817.

[140] 尹尚先，王尚旭，武强．陷落柱突水模式及理论判据［J］．岩石力学与工程学报，
2004, 23（6）：964-968.

[141] 尹尚先，武强．煤层底板陷落柱突模拟及机理分析［J］．岩石力学与工程学报报，
2004, 23（15）：964-968.

[142] 刘国林，尹尚先，王延斌．华北型煤田岩溶陷落柱顶底部剪切破坏突水模式［J］．煤
炭科学技术，2007, 35（2）：55-58.

[143] 刘国林，尹尚先，王延斌．华北型煤田岩溶陷落柱侧壁厚壁筒突水模式研究［J］．工
程地质学报，2007, 15（2）：284-287.

[144] 尹尚先，武强．陷落柱概化模式及突水力学判据［J］．北京科技大学学报，2006,
28（9）：812-817.

[145] 司海宝．岩溶陷落柱岩体结构力学特征及其突水风险预测的研究——以刘桥矿为例
［D］．淮南：安徽理工大学，2005.

[146] 李振华，徐高明，李见波．我国陷落柱突水问题的研究现状与展望［J］．中国矿业，
2009, 18（4）：107-109.

[147] 王家臣，李见波，徐高明．导水陷落柱突水模拟实验平台研制及应用［J］．采矿与安
全工程学报，2010, 27（3）：305-309.

[148] 王家臣，李见波．预测陷落柱突水灾害的物理模型及理论判据［J］．北京科技大学学
报，2010, 32（10）：1243-1247.

[149] 吕玉凤，刘庆国，李文刚．软岩地区启封封闭不良钻孔的技术探讨［J］．煤炭技术，
2006, 26（9）：131-133.

[150] 邵玉强．采面过封闭不良钻孔开采安全性的评估方法［J］．山东煤炭科技，2008, 6：
97-98.

[151] 祁春燕，张海荣，路云，等．封闭不良钻孔管理信息系统的设计与实现［J］．煤炭科

学技术，2008，36（11）：69-71.

[152] 许延春，王伯生，侯垣麒，等. 封闭不良钻孔可视化探测及效果分析 [J]. 中国高新技术企业，2010，160（25）：27-29.

[153] 靳月灿，孙亚军，徐智敏，等. 收缩开采期封闭不良钻孔的涌水量预测研究 [J]. 煤矿安全，2012，38（6）：99-102.

[154] 邹军，丁三红，彭龙超，等. 高水位封闭不良水文长观孔井下治理技术与实践 [J]. 煤矿安全，2012，44（2）：80-82.

[155] 罗立平. 矿井老空水形成机制与防水煤柱留设研究 [D]. 北京：中国矿业大学（北京），2009.

[156] 刘斌. 大倾角特厚煤层防水隔离煤柱留设探讨 [J]. 煤炭工程师，1998，5：37-39.

[157] 刘长武，丁开旭. 论井下隔水煤柱承压破坏的临界尺寸 [J]. 煤炭学报，2001，26（6）：632-636.

[158] 煤炭工业部基本建设司. 国际采矿和地下工程治水会议论文集 [M]. 北京：煤炭工业出版社，1983.

[159] 王经明. 煤矿突水灾害的预警原理及其应用 [J]. 煤田地质与勘探，2005，33（z1）：1-4

[160] 李子林，魏久传，刘同彬，等. 受水威胁工作面底板水情动态监测技术 [J]. 煤炭学报，2006，21（增刊）：133-135.

[161] 隋海波，程久龙. 矿井工作面底板突水安全预警系统构建研究 [J]. 矿业安全与环保，2009，36（1）：58-60.

[162] 刘德民，连会青，李飞. 封闭不良钻孔侧壁突水机理研究 [J]. 中国安全生产科学技术，2014，10（5）：74-77.